算力霸权

新质生产力的基础与突破

熊杰　陈耿宣 —— 著

中国科学技术出版社

·北　京·

图书在版编目（CIP）数据

算力霸权：新质生产力的基础与突破 / 熊杰，陈耿宣著 . -- 北京：中国科学技术出版社，2025. 8.
ISBN 978-7-5236-1430-3

Ⅰ . TP393.072

中国国家版本馆 CIP 数据核字第 2025NB2020 号

策划编辑	李清云
责任编辑	方　理
版式设计	愚人码字
封面设计	创研设
责任校对	邓雪梅
责任印制	李晓霖

出　　版	中国科学技术出版社
发　　行	中国科学技术出版社有限公司
地　　址	北京市海淀区中关村南大街 16 号
邮　　编	100081
发行电话	010-62173865
传　　真	010-62173081
网　　址	http://www.cspbooks.com.cn

开　　本	880mm×1230mm　1/32
字　　数	200 千字
印　　张	8.5
版　　次	2025 年 8 月第 1 版
印　　次	2025 年 8 月第 1 次印刷
印　　刷	大厂回族自治县彩虹印刷有限公司
书　　号	ISBN 978-7-5236-1430-3
定　　价	69.00 元

前言

在浩瀚的历史长河中，科技始终是推动人类文明进步的重要力量。从远古的篝火到现代的超级计算机，每一次技术的飞跃都深刻地改变了人类的生活方式和思维模式。

在科技飞速发展的当下，算力已成为新时代的核心竞争力，而新质生产力的崛起进一步强化了这一趋势。新质生产力是通过科技创新，尤其是信息技术的突破，形成的新型生产力。它不仅包括算力，还包括大数据、人工智能、物联网等新兴技术，这些技术共同构成了推动社会进步的新引擎。随着大数据、人工智能、云计算等技术的快速发展，算力已成为推动数字经济、智能制造、智慧城市等领域发展的关键要素。拥有强大算力的企业和国家，将在未来的科技竞争中占据有利地位，形成所谓的"算力霸权"。

算力霸权的形成，不仅关乎经济利益的争夺，更关乎国家安全和战略地位是否稳固。因此，各国纷纷加大在算力领域的投入和研发力度，力求在这一领域处于领先地位。同时，算力的发展也带来了诸多挑战和问题，如数据安全、隐私保护、算法偏见等，这些挑战和问题需要我们共同解决。

算力与新质生产力之间存在紧密联系。首先，算力是新质生产力的基础。没有强大的计算能力，大数据分析、人工智能算法的训练和应用、云计算服务的提供等都无法实现。例如，深度学习模型需要大量的计算资源来处理和分析海量数据，从而实现智能决策和预测。算力的提升使得这些模型能够更快、更准确地完成任务，进而推动新质生产力的发展。

其次，新质生产力的发展反过来又促进了算力需求的增长。随着大数据、人工智能等技术在各行各业的广泛应用，新质生产力对算力的需求呈指数级增长。例如，智慧城市需要实时分析和处理来自交通、安全、环境监测等各个方面的数据，这需要强大的算力支持。智能制造同样需要算力来优化生产流程，提高生产效率和质量。

最后，新质生产力的崛起也为算力带来了多样化需求。在传统计算任务之外，边缘计算、量子计算等新兴领域对算力提出了新的要求。边缘计算需要在数据产生的地点附近进行计算处理，以减少延迟和带宽消耗，这要求算力更加分散和高效。量子计算则有望在特定领域实现超越传统计算机的计算能力，为新质生产力的发展提供新的可能性。

因此，算力与新质生产力之间形成了相互促进、共同发展的关系。算力的提升为新质生产力的发展提供了动力，而新质生产力的进步又不断推动算力需求的增长和算力技术的创新。未来，我们应将算力与新质生产力的创新相结合，以推动科技和社会的全面进步。同时，面对算力发展带来的挑战，如数据安全、隐私保护等，我们需要全球范围内的共同努力，以确保科技发展的可持续性。

通过阅读本书，我们可以发现，科技的发展始终伴随着算力的提升和应用。从最初的简单计算工具到现代的超级计算机和云计算平台，算力的每一次飞跃都推动了科技的进步；科技的进步又反过来促进了算力的提升和算力应用范围的拓展，形成了良性循环。

因此，在未来的科技发展中，我们不仅要关注新技术、新应用，更要重视算力的提升和应用。只有拥有强大的算力支撑，我们才能更好地应对各种挑战和问题，推动科技事业持续健康发展。同时，我们也需要加强国际合作与交流，共同应对算力发展带来的全球性挑战和问题，推动构建人类命运共同体。

目录

第一章

算力的核心要素

第一节 算力的概念及发展史 _ 004

第二节 新时代算力的发展特征 _ 011

第三节 数据是算力霸权的核心要素 _ 018

第四节 构成算力霸权的技术逻辑 _ 028

第二章

算力与新质生产力

第一节 算力与新质生产力的关系 _ 055

第二节 算力与新质生产力的演进规律 _ 065

第三节 算力赋能新质生产力 _ 077

第三章

算力的魅力与需求

第一节 数字时代的发展趋势 _ 090

第二节 国家安全的现实需要 _ 094

第三节 制造转型的强劲动力 _ 097

第四章

算力争霸背后的底层逻辑

第一节　算力与正义：效率权衡与逻辑漏洞　_ 108

第二节　算力与意识形态：价值观传播与扩散　_ 112

第三节　算力与治理：科层治理的优化　_ 116

第五章

算力的经济影响

第一节　算力助推数字经济爆发式增长　_ 120

第二节　网络经济与"眼球经济"的兴起　_ 130

第三节　从城市漫步到"特种兵"旅游　_ 139

第六章

算力的文化影响

第一节　中华传统文化的数字化表达　_ 146

第二节　现代文化的创新发展　_ 153

第七章

算力的社会影响

第一节　数字茧房的困扰　_ 158

第二节　生成式人工智能创新与隐忧　_ 164

第三节　困在算法里的逆行人生　_ 172

第八章

算力的多场景应用与霸权产生

第一节　算力霸权在农业的表现　_ 180

第二节　算力霸权在工业的表现　_ 187

第三节　算力霸权在服务业的表现　_ 194

第九章

算力霸权的发展趋势

第一节　算力安全的系统性风险　_ 204

第二节　个人隐私与信息的泄露　_ 216

第三节　数据垄断及其算力剥削　_ 223

第十章

消解算力霸权的途径

第一节　优化算法结构与逻辑　_ 236

第二节　提升数字风险防范意识　_ 245

第三节　强化数字领域治理能力　_ 249

第四节　掌握算力运行的核心技术　_ 255

后　记　_ 259

第一章

算力的核心要素

CHAPTER 1

算力，即计算能力，是衡量计算机系统在处理数据和执行计算任务时效率和能力的关键指标。但算力并非单一概念，而是由多个核心要素构成，这些要素相互作用，共同决定了算力的强度和系统性能。具体而言，这些核心要素包括处理器的频率、核心数量、内存容量、存储速度以及系统优化程度等。一般来说，处理器的频率越高，核心数量越多，内存容量越大，存储速度越快，系统优化程度越高，计算机系统的算力就越强，处理任务的效率也越高。反之，任一要素表现不佳都会直接影响算力，进而影响系统性能。因此，提升算力需要综合考虑并优化这些核心要素。

　　第一，硬件配置是算力的基础。这包括处理器（CPU）的性能，如核心数、线程数、时钟频率等，以及图形处理器的并行处理能力，它们直接影响计算机系统处理复杂计算任务的速度。此外，内存（RAM）的大小和速度也至关重要，其决定了系统能够快速访问和处理数据的能力。存储设备（如 SSD 和 HDD）的读写速度和容量也会影响算力，因为其涉及数据的存储和快速检索。

第二，软件优化是提升算力的关键。高效的算法和程序设计可以显著提高计算效率，减少资源浪费。例如，用快速傅里叶变换（FFT）算法替代传统的离散傅里叶变换（DFT），可以将计算复杂度从 $O(n^2)$ 降低到 $O(n\log n)$，极大地提升信号处理的速度。操作系统和中间件的优化能够更好地调度硬件资源，确保计算任务的高效执行。如 Linux 内核中的调度器经过优化后，可以更智能地分配 CPU 时间片，减少上下文切换的开销，从而提高多任务处理的效率。此外，专业的计算软件和工具库，如高性能计算软件和并行计算框架，能够帮助开发者更有效地利用硬件资源，提升算力。

第三，网络连接速度和稳定性对于分布式计算和云计算环境中的算力同样重要。高速的网络连接可以确保数据在不同计算节点之间快速传输，减少通信延迟，从而提升整体的计算效率。如在一个分布式数据库系统中，多个服务器分布在不同的地理位置，它们需要频繁地交换数据以保持数据的一致性和实时性。如果网络连接速度慢或不稳定，数据同步的过程就会变得缓慢，甚至出现数据不一致的情况，这将严重影响系统的性能和可靠性。因此，高速且稳定的网络连接对于分布式计算和云计算环境中的算力来说是至关重要的。

第四，能源效率在衡量算力方面占据着至关重要的地位。随着计算任务变得越来越复杂，数据量也在急剧增加，如何在确保算力的前提下降低能耗，实现绿色计算，已经成为一个备受关注的研究课题。高效的能源管理系统和先进的节能技术可以优化能源的使用，从而减少对环境的负面影响。通过精细化的能源管理，我们可以更好地控制和分配计算资源，确保在满足计算需求的同时，最大限度地减少能源浪费。此外，采用节能技术，如低功耗硬件设备、智能冷却系统等，可以进一步降低能源消耗，提高整体能源利用效率。这些措施不仅有助于减少碳排放，还能降低企业的运营成本，实现经济效益和环境保护的双重目标。因此，能源效率的提升在未来的算力发展中将扮演越来越重要的角色。

综上所述，算力的核心要素包括硬件配置、软件优化、网络连接以及能源效率等多个方面。这些要素相互作用，共同决定了计算机系统的计算能力和性能表现。本章将从算力的概念史、发展史及应用史的角度，具体讨论算力的概念、发展特征及其运行逻辑等方面的内容。

— 第一节 —

算力的概念及发展史

算力是集信息计算力、网络运载力、数据存储力于一体的新型生产力。它通常分为通用算力、智能算力和超算算力等类型。随着人类生产生活实践的不断演进，算力的表现形式也在不断变化。算力最初表现为生物智能，如指算、口算、心算等。随后，人类开始学会借助工具，如算筹、算盘等计算工具。20世纪40年代，世界上第一台数字式电子计算机的诞生，标志着人类算力正式进入了数字时代。伴随电子计算机等技术水平的提升，算力逐渐电子化、数字化、智能化，对人类生产生活的影响也进一步深化。

如今，算力已经成为像水、电一样，能"一点接入、即取即用"的重要生产力。在不同的应用场景中，算力需要不同的精度来适配，如人工智能领域对算力的需求极高，算力是人工智能发展的技术保障和动力引擎。根据国际数据公司（IDC）的预测，2025年全球每年产生的数据将达到175ZB，每天大约会增加491EB的数据。数据的爆发性增长对算力需求产生依赖，平均每3—4个月算力需求将翻一番，每年算力将增长10倍，算力在现代技术发展中的意义重大。

一、算力发展历程：从蒸汽机到量子计算机

在科技迅猛发展的当下，算力已经成为衡量一个企业、城市乃至国家竞争力的关键指标。算力的演进历程波澜壮阔，从蒸汽机时代到量子计算机的出现，从工业革命到信息时代，算力始终与人类社会的发展紧密相连。

1. 蒸汽机时代的算力：工业改革催生蒸汽机

18世纪60年代，英国工程师詹姆斯·瓦特成功研制出一种改良版的蒸汽机。这一伟大的发明彻底改变了人类社会的

生产方式，为人类带来了前所未有的生产力，同时也催生了算力。

瓦特蒸汽机为工厂提供了强大的动力，使得工厂可以 24 小时不间断运转，极大地提高了生产效率。然而，尽管蒸汽机带来了巨大的生产力，但它仍然以煤炭为燃料。煤炭的消耗带来了煤炭的开采、运输等一系列问题。当时，煤炭是主要的燃料来源。因此，蒸汽机需要消耗大量的煤炭来产生热量。工人们需要深入地下，冒着生命危险进行开采。同时，煤炭的运输也需要依赖马车等传统运输工具，这些都需要消耗大量的燃料和人力。此外，煤炭的开采和运输过程还带来了许多环境问题。大量的煤炭燃烧产生了大量的二氧化碳和其他有害气体，对环境造成了严重的污染。煤炭的开采和运输过程也需要消耗大量的水资源，这对水资源的保护也带来了巨大的挑战。

尽管如此，瓦特蒸汽机的发明仍然是人类历史上的重大突破。它不仅大幅提高了生产力，还为后来的工业革命奠定了基础。蒸汽机的出现，使得人类社会进入了一个崭新的时代，开启了现代工业社会的大门。

2. 量子计算机时代的算力：信息技术改革重塑未来

1964 年，美国科学家约翰·马奇利和约翰·施密特成功研制出了世界上第一台量子计算机。这台革命性的机器采用了量子比特来替代传统计算机中的比特，从而实现了指数级的计算速度提升。量子计算机的这一特性使得它在处理复杂的问题时，相较于传统计算机具有显著的优势。

随着计算机技术的不断进步，人们逐渐认识到传统计算机在某些方面的局限性。为了进一步提高计算速度，科学家们开始探索全新的计算方式。量子计算的概念最早由IBM（国际商业机器公司）的科学家R.兰道尔和C.贝内特于20世纪70年代提出。2011年，世界上第一台商用量子计算机由加拿大公司D-Wave推出。这一突破性的进展不仅标志着量子计算时代的到来，也引发了全球范围内的广泛关注和轰动。

量子计算机的诞生为人类带来了前所未有的计算能力，极大地提升了算力水平。这使得许多过去难以解决的复杂问题迎刃而解。例如，量子计算机能够高效地解决整数分解问题，为密码学领域提供了强大的支持；它还可以在极短的时间内分析海量数据，为人工智能的发展奠定坚实基础。此外，量子计算机甚至能够模拟复杂的生物系统，为生物医学研究提供全新的思路和方法。

然而，尽管量子计算机的研发和应用已经取得了显著的进展，但仍然面临着许多挑战和困难。如何保持量子态的稳定性，如何提高量子比特的运算速度等，都是当前科学家们亟待解决的难题。这些问题的解决需要科学家们持续地进行深入研究和探索，以推动量子计算技术的进一步发展和完善。

二、算力的发展史与未来展望

　　算力的发展历程可谓是波澜壮阔，充满了无数的创新和突破。从早期的蒸汽机时代，到如今的量子计算机时代，人类社会经历了从机械计算到电子计算的巨大转变。每一次技术的飞跃，都极大地推动了社会的进步和生产力的提升。随着科技的不断发展，算力将会继续引领人类社会发展，成为推动世界前进的核心力量。

1. 从机械到电子的飞跃

　　早期的算力主要依赖于机械计算，如 17 世纪的帕斯卡计算机和莱布尼茨的机械计算器。进入 20 世纪，电子计算机的出现标志着算力的飞跃。1946 年，电子数值积分计算机的诞生，开启了电子计算的新纪元。

　　数字技术学家马丁·福特曾在著作《机器人时代：技术、工作与经济的未来》中指出，随着数据的指数级增长，人工智能水平不断提高，数字技术将会对人的工作与未来经济走向产生重大影响。

2. 云计算与分布式计算

　　随着互联网的普及，云计算和分布式计算成为算力发展的新方向。云计算允许用户通过网络访问共享的计算资源，而分布式计算则通过将任务分散到多个计算节点上，提高计算效率。

由此，先进的算法可以充分驱动数据资源的价值发挥和算力作用，创造重大业务价值和见解。如作为大数据技术在信息传播领域的普遍应用，算法推荐实现了信息与人之间的精准高效匹配，满足了用户多元化、个性化的信息需求。算法类资讯平台依托大数据、机器学习等，准确匹配用户兴趣，进行精准的个性化资讯分发，获得远高于老牌门户网站和主流新闻客户端的用户规模与日均时长，从而赢在当下。

3. 人工智能与算力的融合

人工智能的发展离不开强大的算力支持。深度学习等人工智能（AI）技术需要大量的数据处理和复杂的算法运算，这推动了专用 AI 处理器和高性能计算平台的发展。

除此之外，数字技术的应用让人们开始尝试人工智能与增强现实技术（AR）的融合，实现数字空间与物理空间的沟通，用手机扫码脸部，结合人工智能技术推算出适合每位用户的妆容发型护肤品，从而得到生活产品的精准推送。人们通过虚拟试鞋功能挑选出自己喜欢的鞋型和颜色并虚拟试穿，看到鞋子上脚的效果，足不出户便可以完成商品选购。虚拟现实设备的发展更增加了人们的感知能力，当前 AR 房屋装修、远程看房已成为现实。人们甚至可以模拟旅游世界景点，尽情享受景点的鸟语花香。

4. 量子计算的未来展望

量子计算目前被认为是未来算力的终极形态。量子计算机利用量子位进行计算，能够在某些特定问题上实现超越传统计算机的性能。

如 2025 年 3 月，中国科学技术大学潘建伟团队在《自然》杂志发表论文，宣布实现 1000 量子比特计算机的稳定运行，人类首次在超导与光量子两条技术路线同时实现量子霸权。这标志着量子计算在特定任务上展现出超越传统计算机的能力，是量子计算领域的重要里程碑。

总之，算力的发展不仅推动了科技进步，也深刻改变了人类社会的方方面面。从机械到电子，再到云计算、人工智能和量子计算，每一次技术的飞跃都为社会带来新的可能性。未来，算力将会以更加高效、智能的方式服务人类社会，推动人类文明的进步。随着人工智能、大数据和物联网等技术的广泛应用，算力的需求将会呈指数级增长。算力将不仅局限于传统计算任务，还将渗透到生活的方方面面，从智能家居到自动驾驶，从医疗诊断到金融分析，算力将无处不在。

可以说，算力就是生产力，当万事万物都离不开算力时，一个崭新的算力时代就要到来。在这个时代，算力将成为社会发展的基石，成为衡量一个国家综合实力的重要指标。算力的普及和应用将极大地提高生产效率，优化资源配置，推动科技创新，从而为人类带来更加美好的生活。算力时代将是一个充满无限可能的时代，让我们拭目以待，共同迎接这个新时代的到来。

— 第二节 —
新时代算力的发展特征

在新时代背景下，算力的发展呈现出一些显著特征。随着人工智能、大数据、云计算等前沿技术的迅猛发展，算力需求呈现出爆炸式增长趋势。如深度学习算法在图像识别、自然语言处理等领域的应用，需要大量的计算资源来处理海量数据。这种增长不仅体现在数量上，更体现在对算力质量的高要求上。为了满足日益增长的计算需求，算力的供给方式和能力都在不断提升。

根据中国信息研究院测算，截至目前，中国智能算力规模将达到 1037.3 EFLOPS（每秒百亿亿次浮点运算），较 2024 年增长 43%。三大电信运营商在 2025 年的资本开支计划中，算力和人工智能的投资占比不断攀升。其中，中国移动的资本开支预计为 1512 亿元，其中算力投资将增至 373 亿元，占比提升至 25%，计划在 2025 年末达到 34EFLOPS 的智算规模。

在算力基础设施建设基础上，部分企业也加大了算法的创新。如深度求索公司 DeepSeek R1 模型的发布标志着 AI 算法的突破，它采用大规模强化学习和多头注意力机制，使得训练算力仅为 Llama3 的 1/10，推理阶段的缓存数据量降低为 1/50，显著降低了算力消耗。通过大模型压缩、量化与蒸馏技术，AI 模型的推理吞吐量得到了提升，同时减少了计算资源的需求，推动算力跨越式增长。

一、新兴技术推动算力分配和使用方式的变革

随着云计算、边缘计算以及其他一系列新兴技术的蓬勃发展，算力的分配和使用方式正在经历一场深刻的变革，变得更加灵活和高效。云计算通过提供按需的计算资源，使得用户能够根据实际需求快速调整计算能力，无须在硬件上进行大量投资。例如 DeepSeek 已基本实现机器学习。该软件将所有数据汇集于数据收集平台，并积累到一定程度，用机器算法创造出数据价值。

这些技术的进步不仅极大提升了数据处理速度，而且还在优化资源利用、降低成本和提高响应速度等方面发挥了重要作用。企业和研究机构通过这些创新手段，不仅能够提升自身竞争力，还能为各行各业提供更强大的计算支持，推动整个社会的科技进步和经济发展。如医疗行业利用高性能计算技术进行基因测序和疾病预测，金融行业利用大数据分析进行风险管理和投资决策。

与此同时，随着边缘计算、量子计算等新兴技术的出现，算力的分布和计算模式也在发生着革命性的变化，为算力的

未来发展开辟了新的可能性。量子计算利用量子位的叠加和纠缠特性，理论上能够解决传统计算机难以处理的复杂问题。例如，量子计算机在化学模拟、材料科学和密码学等领域展现出巨大的潜力。

二、算力发展对高性能计算技术的依赖

算力的发展越来越依赖于高性能计算技术，包括超级计算机和量子计算等前沿技术，这些技术的发展为解决复杂科学问题和推动科技创新提供了强大的计算支撑。

例如百度 Apollo 自动驾驶平台在 2025 年广泛应用于城市交通和物流配送等领域。为了实现精准的环境感知、路径规划和决策控制，该平台需要高性能计算技术来快速处理来自激光雷达、摄像头等多种传感器的大量数据。通过部署大规模的 GPU 集群和优化的计算架构，百度 Apollo 平台能够实时运行复杂的深度学习算法，确保自动驾驶车辆在各种复杂路况下的安全和高效运行，这充分体现了高性能计算技术对自动驾驶算力需求的关键支撑作用。

这些前沿技术的发展，不仅为解决复杂的科学问题提供了新的可能性，也为推动科技创新和产业升级注入了强大的动力。随着这些技术的不断成熟和应用，我们可以预见，未来的算力将更加高效、智能，并能更好地服务人类社会。

三、算力资源的均衡分布与高效利用

得益于云计算和边缘计算技术的兴起，算力的分布也趋向于均衡和高效。这些技术的出现使得算力资源可以更加灵活地分布在用户附近，从而降低延迟，提高数据处理效率。

以智能车联网为例，这些新兴技术的兴起，使得算力资源能够更加贴近车辆和用户，从而有效减少数据传输的延迟时间，显著提升数据处理的效率。在智能车联网中，车辆需要实时与云端进行数据交换，包括导航信息、路况更新、紧急预警等。如果算力资源集中在云端，那么数据传输的延迟可能会影响到车辆的反应速度和安全性。云计算和边缘计算的结合，可以将部分计算任务分散到相近的边缘节点，这样车辆就可以更快地获取到所需的数据，从而做出更及时的反应。

将计算任务分散到边缘节点，不仅能够减轻中心云的计算压力，还能为用户提供更快的响应速度和更佳的用户体验。在智能车联网中，这种分布式计算模式的应用，使得车辆可以更加智能地应对各种路况和突发情况，提高了行车安全性和舒适度。

分布式计算模式的推广，逐步改变着传统的集中式计算架构，为算力资源的优化配置和高效利用开辟了新的道路。这种变革不仅提高了计算资源的利用率，还使得数据处理更加贴近用户需求，进一步提升了整体计算效率和用户体验。

例如，在智能家居领域，通过利用边缘计算技术，我们可以将家庭中的智能设备连接到附近的边缘节点，实现设备间的快速通信和数据交换，从而享受更加流畅和智能的家居体验。

四、绿色计算：算力发展的可持续趋势

绿色计算成为算力发展的重要趋势，节能减排和可持续发展成为算力技术发展的重要考量因素。随着全球对环境保护和可持续发展的重视程度日益提升，节能减排和可持续发展已经成为算力技术发展过程中不可或缺的考量因素。这意味着，在设计和开发新的计算技术时，我们不仅要追求更高的性能和效率，还要充分考虑其对环境的影响，力求在提升计算能力的同时，最大限度地减少能源消耗和碳排放。

具体来说，绿色计算涉及多个方面。使用更高效的硬件设备是一个重要的方向。像谷歌这样的科技巨头，已经在其数据中心中部署了定制的服务器芯片，这些芯片在提高计算性能的同时，也显著降低了能耗。此外，优化软件算法以减少资源消耗也是绿色计算的重要组成部分。阿里巴巴的云计算平台通过算法优化，在相同性能下，降低了数据中心近30%的能耗。

以上措施不仅有助于降低计算过程中的环境足迹，而且还能带来经济效益，因为节能减排往往伴随着运营成本的降低。此外，随着技术的不断进步，绿色计算不断融入新理念

和新技术。比如，利用人工智能优化资源分配和管理，谷歌的 AI 算法可根据实时负载情况，动态调整服务器运行状态，进一步提高能源利用效率。开发新型冷却技术也是绿色计算的一个重要方向。英特尔正在研发一种新型液冷技术，该技术预期可以显著降低数据中心的能耗和运营成本。

这些创新不仅有助于推动算力技术的可持续发展，也可以为实现全球节能减排目标提供强有力的技术支撑。微软的 Azure 云平台通过采用绿色计算技术，帮助其客户减少了数亿千瓦时的电力消耗，从而实现了显著的节能减排效果。因此，绿色计算不仅是一种技术趋势，更是一种社会责任和使命。未来，随着绿色计算理念更加深入人心，算力技术的发展将更加注重环境保护和可持续性，为构建绿色、低碳的未来世界贡献力量。

五、算力推动产业融合与创新

算力的发展促进了相关产业的融合与创新，如算力与物联网、5G 通信等新兴技术的结合，为各行各业的数字化转型提供了坚实的计算基础。这种技术的融合能够实现更加高效的数据处理和传输，从而加速智能设备的互联互通，提高生产效率和生活质量。

例如，在智能城市的发展中，算力的强大支持使得交通管理、能源分配、公共安全等多个领域实现智能化，提升了城市管理效率和居民生活便捷性。智能交通系统可以根据实时交通流量数据，动态调整交通信号灯的时序，减少交通拥堵；智能电网能够根据用电需求的变化，优化电力资源的分配，提高能源使用效率；智能安防系统通过视频监控和数据分析，对于各种安全事件能够实时预警和快速响应，保障公共安全。

在工业制造领域，算力的提升使得智能制造成为可能。通过精准的数据分析和预测，企业能够优化生产流程，减少资源浪费，提高产品质量。例如，使用高级数据分析和机器学习算法，制造业企业可以预测设备故障，提前维护，避免生产中断；通过实时监控生产线上的环节，及时发现并纠正生产过程中的偏差，确保产品质量的一致性。

在医疗健康领域，算力的发展同样带来了革命性的变化。通过大数据分析和人工智能技术，医疗机构能够更准确地诊断疾病，制订个性化的治疗方案。例如中国政府已在云南省128家乡镇卫生院部署了 AI 读片系统，使误诊率下降了56%。这表明 AI 自主诊断系统不仅在技术上取得了进步，还在实际临床应用中取得了显著成效，提高了基层医疗机构的诊断水平，改善了患者的就医体验。

这些例子展示了算力如何与不同行业深度融合，推动了技术革新和效率提升，为各个领域带来显著的变革。因此，算力的发展不仅推动了技术的进步，也为社会经济的发展注入了新的活力，预示着更加智能、高效、互联的未来。

综上所述，算力的发展特征主要体现在以下几个方面：首先，需求的快速增长。随着科技的进步和数字化转型的加速，各行各业对算力的需求呈现出爆炸性增长的趋势。其次，算力性能的大幅提升。从芯片制造到软件优化，各种新技术层出不穷，推动算力性能大幅提升。再次，算力分布的均衡高效。算力资源不再集中于少数几个中心，而是通过云计算、边缘计算等技术实现更加均衡和高效的分布。从次，绿色可持续的发展理念。算力的发展越来越注重环保和节能，力求在满足计算需求的同时，减少对环境的影响。最后，产业融合创新的深化。算力的发展不再局限于传统 IT 领域，而是与各行各业深度融合，推动创新涌现。这些特征共同构成了新时代算力发展的全貌。

— 第三节 —
数据是算力霸权的核心要素

作为信息时代的基石，数据已经成为算力霸权争夺战中的核心要素。在这一背景下，数据的积累和处理能力成为衡量一个国家或企业竞争力的关键指标。数据的规模和质量直接影响着算力的效能，进而决定了在智能决策、精准预测、个性化服务等领域的优势。因此，全球范围内的数据收集、存储、分析和应用能力的竞争愈发激烈。

一、算力是处理和分析数据的基础

算力是处理和分析数据的基础。随着科技的快速发展，算力的提升不仅能够加速数据处理的速度，还能提高数据处理的深度和广度，使得复杂的数据分析成为可能。以下，我们从几个方面详细论述算力的重要性及其在现实中的应用。

1. 算力与科学研究

算力的提升对科学研究有深远影响。如智能算力的增长为气候科学研究提供了更强大的计算支持。科学家们可以利用这些算力资源处理和分析大量的气候数据，进行更复杂和精确的气候模拟和预测。例如，通过智能算力的提升，可以更准确地预测极端天气事件的发生频率和强度，为防灾减灾提供更有力的支持。

最近剑桥大学和艾伦图灵研究所的研究团队开发的 Aardvark Weather 系统，有望带来气象预测的范式转变。该系统结合了先进的 AI 算法和多组学技术，使肺癌早筛灵敏度达到 99.2%。这不仅提高了诊断的准确性和效率，还降低了医疗成本，为患者提供了更可及的医疗服务。

现实例子 中国科学院大气物理研究所利用高性能计算平台，运行了高分辨率的区域气候模型，成功模拟了中国区域的气候变化情况。这些模拟结果为国家制定应对气候变化的政策提供了重要的科学依据。

2. 算力与金融行业

在金融领域，算力的提升使得实时分析海量交易数据成为现实。金融机构可以利用强大的计算能力，对市场数据进行快速分析，从而更好地管理风险，优化投资组合。此外，算力还可以用于开发复杂的金融模型，如高频交易算法，这些模型能够在毫秒级别内完成大量交易，提高市场效率。

现实例子 江苏银行推出算力行业专属金融产品"算力贷"，独创算力企业评价模型，将算力算效水平、团队人才结构、研发费用投入、知识产权等评价因子引入评分体系，通过科学测算，将企业分为 A、B、C 三类，评分结果直接作为信贷审批准入、授信额度定量等决策依据，促进企业算力水平提升。这种创新的金融产品开发依赖于强大的算力支持，以准确评估企业的算力水平和相关风险。

3. 算力与人工智能

随着人工智能技术的发展，算力在机器学习和深度学习中的应用变得越来越广泛。强大的算力使得机器能够从海量数据中学习和识别模式，从而在图像识别、自然语言处理、自动驾驶等领域取得显著进步。例如，深度学习模型需要大量计算资源来训练，以提高模型的准确性和鲁棒性[1]。

---

[1] 鲁棒性，指系统在一定的参数变化或外部干扰下，仍能保持其性能和稳定性的能力。——编者注

现实例子 2016 年谷歌公司开发的阿尔法狗（AlphaGo）
与围棋世界冠军、职业九段李世石进行围棋人机大战，以 4:1
的总比分获胜，让我们感受到人工智能的魔力，验证了算力
在推动人工智能发展中的关键作用。

4. 算力的可持续发展与数据安全

算力的提升也带来了新的挑战。一方面，如何保证算力
的可持续发展，避免过度消耗资源，成为一个亟待解决的问
题。另一方面，随着数据量的爆炸式增长，如何保证数据的
安全和隐私，防止数据被滥用或泄露，也是算力发展中必须
面对的问题。

现实例子 中国在 2021 年启动了"东数西算"工程，旨
在通过东西部数据中心的协同，提升算力资源的利用效率，
同时加强数据安全和隐私保护措施。这一工程不仅提升了中
国在大数据处理和分析方面的能力，还促进了东西部地区经
济的均衡发展，体现了算力在推动社会进步和经济发展中的
重要作用。

因此，算力是信息时代的核心资源之一，其提升不仅能
够提升数据处理的速度，还能提高数据处理的深度和广度，
使得复杂的数据分析成为可能。从科学研究到金融行业，再
到人工智能的发展，算力的应用无处不在。然而，算力的提
升也带来了能源消耗和数据安全等挑战。因此，如何在提升
算力的同时，保障其可持续发展和数据安全，是未来需要重

点关注的问题。通过合理的规划和技术创新，可以确保算力在推动社会进步和经济发展中发挥更大作用。

二、数据安全和隐私保护是算力霸权争夺战的关键

在数字化时代，数据已成为一种宝贵的资源，其重要性不亚于石油和黄金。数据的广泛性和多样性使其在各个领域都具有极高价值。从个人隐私信息到商业机密，从科学研究数据到社会运行的各种统计数据，数据的收集、处理和分析能力已经成为衡量一个国家或企业竞争力的重要指标。随着人工智能、物联网等技术的快速发展，数据的收集和分析能力将进一步得到增强。未来，数据将更加深入地融入社会生活的各个方面，成为推动社会进步和经济发展的关键力量。因此，如何高效、安全地管理和利用数据资源，将成为各国政府、企业乃至每个个体都需要面对的重要课题。

1. 数据的价值与应用

数据的价值在于其能够为决策提供依据，为创新提供动力。在商业领域，企业通过分析消费者数据来优化产品和服务，提高市场竞争力。例如，中国工商银行通过引入大数据风险控制模型，实现了对信贷业务的全面风险管理。在模型的支持下，坏账率显著下降，资产质量得到提升。同时，还

通过大数据分析用户需求和市场趋势，推出了多款创新金融产品和服务，满足了用户多样化的需求。

2. 数据安全法规的制定与执行

随着数据价值的提升，数据安全问题也日益突出。加强数据安全法规的制定和执行，开发更加安全的数据处理技术，是维护国家和企业利益的关键。例如，欧盟的《通用数据保护条例》自 2018 年实施以来，已经成为全球数据隐私保护的标杆。该法规要求企业保护欧盟公民的个人数据，并对违规企业处以高达全球年营业额 4% 或 2000 万欧元的罚款，以确保数据安全和隐私保护。这一法规的实施，不仅提升了欧洲公民的隐私保护水平，也促使全球企业重新审视并加强自身的数据安全措施。

3. 数据处理技术的创新与应用

为了更高效、安全地管理和利用数据资源，数据处理技术的创新显得尤为重要。云计算、人工智能和区块链等技术的发展，为数据的存储、处理和保护提供了新的解决方案。例如，云计算技术使得数据可以在全球范围内存储和处理，提高了数据处理的效率和灵活性。人工智能技术可以用于数据的分析和挖掘，帮助企业从海量数据中提取有价值的信息。区块链技术则为数据的安全存储和传输提供了新的保障，可以通过去中心化的方式防止数据被篡改和滥用。

4. 数据伦理与社会责任

在数据的收集、处理和应用过程中，数据伦理和社会责任同样不可忽视。企业和组织在利用数据资源的同时，必须尊重个人隐私，确保数据的合法合规使用。例如，亚马逊公司曾建立了一个算法系统，用于分析应聘者的简历以挑出最佳雇员。但该公司在采用自己的招聘数据训练算法之后，发现该筛选算法对女性应聘者产生歧视，引发数据伦理的担忧。

试想一下，当你打开日常使用的手机、电脑、平板电脑时，你就会立即得到你想要看到的东西，可能是最近想要购买的商品，可能是恰好喜欢看的视频，也可能是你感兴趣的新闻……而这一切的背后都是依靠日渐成熟的算法技术实现的。算法技术的发展在让我们享受它给我们带来的便利时，也将我们禁锢在经过算法技术过滤的特定世界中，最可怕的是我们已经习以为常了。这不仅引发了我们对算法的思考，也促使我们对数据伦理产生新认识。

在现实生活中，数据的应用和管理问题无处不在。前几年，互联网爆火的推文《外卖骑手，困在系统里的人》让大众开始将目光聚焦在过度的算法依赖给人们带来的负面影响。比如外卖骑手在赶路，当他到达一个路口时，也许算法为他提供的路线是向右，但是熟知环境的骑手却向左，而那些听从算法建议的骑手会导致路程很远、外卖超时等。

数据资源的管理和利用是一个复杂而重要的课题，随着技术的发展和应用的深入，数据的价值将不断提升，数据安全和隐私保护也将面临更大的挑战。只有加强法规制定、技术创新和伦理教育，才能确保数据资源的高效、安全和合理利用，推动社会的进步和发展。

三、数据与算力：现代科技发展的双引擎

数据不仅是算力霸权的核心要素，也是推动社会进步和经济发展的关键资源。随着技术的进一步发展，数据的收集、处理和应用能力将更加凸显其在算力霸权争夺中的核心地位。随着大数据技术的不断进步，数据的处理效率和精准度得到了显著提升。大数据分析能够揭示隐藏在海量信息背后的模式和趋势，为科学研究、商业决策、社会治理等领域提供前所未有的洞察力。

1. 数据在商业决策中的应用

数据不仅是企业决策的重要依据，也是国家竞争力的关键指标。在教育、公共政策制定、医疗健康等领域，大数据的应用能够优化资源配置，提升公共服务水平。通过对学生学习行为的分析，教育机构能够更好地了解学生的学习习惯和需求，从而提供更加个性化的教学方案，提高教育质量和效率。此外，大数据还能帮助政府在公共政策的制定上做出

更加科学的决策，比如在城市规划、交通管理、环境保护等方面，通过分析大量数据来优化资源配置，提升公共服务水平。在医疗健康领域，大数据的应用也日益广泛。通过对患者健康数据的分析，医疗机构能够更早地发现疾病，实现疾病的早期预防和治疗。同时，大数据还能帮助科研人员在药物研发、疾病机理研究等方面取得突破，加速医学发展。

2. 美国的"精准医疗计划"

美国的"精准医疗计划"是一个典型的例子，该计划利用大数据分析，通过分析患者的基因组数据和健康记录，为患者提供个性化的治疗方案，提高医疗效果。这一计划不仅提升了医疗服务的精准度，还推动了医疗研究的进步，使得医疗行业能够更好地应对复杂多变的健康问题。

3. 全球数据资源与算力的争夺

目前，各国都在积极布局，试图在数据资源和算力领域取得主导地位。为了实现这一目标，各国政府纷纷投入巨资，建设数据中心，研发高效算法，并制定了一系列政策和标准促进算力的发展。同时，为了应对数据安全和隐私保护的挑战，相关法律法规和技术手段也在不断完善。例如，通过加密技术保护数据传输过程中的安全性，利用区块链技术来确保数据的不可篡改性和透明度。

4. 算力的应用场景与国际竞争

值得注意的是，随着人工智能、物联网、云计算等技术的快速发展，算力的应用场景也在不断扩展。从智能城市到自动驾驶，从精准医疗到智能制造，算力正成为各行各业转型升级的关键驱动力。这一过程中，算力的分布和控制权逐渐成为国际竞争的新焦点。从这个意义上讲，算力不仅关系到经济利益，更关系到国家安全和社会发展。因此，保护数据安全，合理利用数据资源，提升算力水平，已经成为各国政府和企业不可忽视的重要问题。只有在确保数据安全的前提下，合理开发和利用数据资源，才能真正实现数据的价值，推动科技创新和社会进步。

5. 算力的可持续发展与未来展望

未来算力的发展将不仅仅局限于算力本身的提升，还将涉及能源效率、数据安全、隐私保护等多个方面。只有在这些方面都取得突破，才能真正实现算力的可持续发展，使其成为推动社会进步和经济发展的强大动力。当然，没有强大的算力支持，即使拥有再多的数据也无法被有效挖掘和利用。因此，数据与算力相辅相成，共同构成了现代科技发展的双引擎。

随着技术的不断进步，算力的提升使得数据处理能力越来越强，反过来，数据的积累又进一步推动了算力的发展，形成了良性循环。

— 第四节 —
构成算力霸权的技术逻辑

在信息大爆炸的当前时代，数据处理和计算能力的提升已经成为推动科技进步的关键因素。算法作为处理数据和执行计算任务的核心，其优化对于提升计算速度和资源利用率、精准数据分析和预测、自然语言处理的突破、图像识别和自动驾驶技术的发展，以及医疗诊断和个性化治疗的实现具有至关重要的作用。本节将详细探讨算法优化在这些领域中的应用和影响。

一、算法在提升计算速度和资源利用率方面的作用

算法优化在提升计算速度和资源利用率方面扮演着重要角色。例如，国内大型物流企业顺丰公司在 2025 年引入 DeepSeek 智能路线规划系统，该系统结合实时路况信息（通过与交通数据平台对接获取）、配送地点的详细地址和时间窗要求、车辆的类型和载重等信息，运用先进的算法实时计算出最优配送路线。在配送过程中，若遇到突发路况（如交通事故、道路临时管制），系统能迅速重新规划路线，确保货物按时送达，不仅提高了计算速度，还显著减少了计算资源的消耗，使得系统能够在有限的计算资源下达到前所未有的水平。

1. 精准数据分析和预测

在金融领域，算法的进步使得高频交易系统能够快速分析市场数据，做出更精准的交易决策。高频交易系统依赖于复杂的算法模型，这些模型能够处理海量历史数据，实时关注市场动态，以毫秒级的速度执行交易。量化基金是这一领域的典型代表，它们利用先进的算法模型分析市场，寻找交易机会，从而获得竞争优势。算法的优化不仅可以提高数据处理的速度，还能提高预测准确性，这对于基金公司在竞争激烈的金融市场中保持领先地位至关重要。

2. 自然语言处理的突破

自然语言处理（NLP）技术的进步是算法优化的另一个重要体现。NLP致力于使计算机能够理解、解释和生成人类语言。谷歌翻译是这一领域的佼佼者，它通过神经机器翻译技术大幅提升了翻译的准确性和流畅性。神经机器翻译利用深度学习模型，特别是循环神经网络和注意力机制，捕捉语言中的复杂结构和上下文关系，从而生成更加自然和准确的翻译结果。这不仅使得跨语言交流变得更加便捷，也促进了全球化沟通和合作。

3. 图像识别和自动驾驶

在自动驾驶领域，图像识别算法的进步至关重要。自动驾驶汽车需要实时处理来自摄像头、雷达和激光扫描仪的大量数据，以识别道路标志、行人、其他车辆以及各种障碍物。例如比亚迪的"天神之眼"系统通过分层硬件方案实现全系覆盖，以纯视觉＋毫米波雷达组合应用于各个车型，支持高快领航与遥控泊车等功能。这种"金字塔式"布局背后，是比亚迪日均超 20 万千米真实路测数据的支撑。此前贵州山区浓雾避障实测视频的发布，将"安全平权"理念具象化，即便在微型车上，系统仍可通过多传感器融合预判横穿动物等风险。

4. 医疗诊断和个性化治疗

算法在医疗领域的应用同样取得了显著进展。IBM 的 Watson Oncology 是一个典型的例子。2025 年北京大学附属第三医院引用 AI 儿科医生，分析患者的病历、症状和检查结果，利用先进的算法进行诊断，提供治疗建议。在一次联合咨询中，十名患有复杂肿瘤或未确诊疾病的儿童接受了 AI 儿科医生和医学专家小组的诊断。AI 儿科医生的诊断与专家小组的诊断高度一致。AI 儿科医生的应用不仅提高了诊断的准确性，还为医生提供了有价值的参考，帮助他们更快地做出决策。这种技术的应用有望在未来进一步改善医疗服务的质量和效率，特别是在处理复杂和罕见病例方面。

综上所述，算法优化在提升计算速度和资源利用率、精准数据分析和预测、自然语言处理的突破、图像识别和自动驾驶技术的发展，以及医疗诊断和个性化治疗的实现中扮演了至关重要的角色。随着计算技术的不断进步和算法的持续优化，我们可以期待在这些领域中看到更多的创新和突破，进而推动整个社会的进步和发展。

二、算法促进算力在不同领域的应用和创新

　　算法不仅提升了计算速度和资源利用率，还促进了算力在不同领域的应用和创新。例如，在云计算服务中，高效的算法能够优化数据存储和处理流程，降低能耗，提高服务效率。在物联网领域，算法的优化使得设备能够更智能地处理数据，实现更精准的环境监测和资源管理。在人工智能领域，算法的创新更是推动了机器学习和深度学习技术的飞速发展。在互联网领域，AI 绘画和 AI 写作工具的快速发展，极大地提高了创作效率。如简单 AI 作为一款全能型的 AI 创作助手，集成了 AI 绘画、文生图、图生图、AI 文案等多种功能，帮助用户在三步之内快速完成高质量的创作，特别适合创作者与中小企业使用。在医疗领域，北京协和医院通过实时翻译工具与患者沟通，并利用 AI 技术分析 X 射线、CT 扫描和核磁共振扫描结果，帮助检测骨折、脑出血、中风等危急情况，加速了诊断过程，减少了误差。在农业领域，使用无人机配备多光谱传感器检测植物病虫害，优化肥料和农药的施用，以及灌溉类型和收割时间等。这些计算密集型任务的解决，不仅推动了科学研究的进步，也为工业设计、药物开发等领

域提供了强大的支持。此外，强化学习算法的突破使得机器能够在复杂环境中自主学习和决策，为机器人技术的发展奠定了基础。

1. 云计算服务的优化

数据存储和处理是云计算服务的核心组成部分。随着技术的快速进步，高效的算法优化了数据存储结构和处理流程，例如，使用压缩算法减少存储空间需求，采用更高效的排序和搜索算法加快数据检索速度。这些优化措施不仅提高了数据处理速度，还降低了存储成本，使得云服务提供商能够提供更经济高效的服务。

现实例子 在 AI 技术深度应用的背景下，金融行业面临海量数据接入难、数据和模型工程复杂、存算资源弹性调配能力滞后等问题。华为公司通过 Omni-Dataverse 全局文件系统，实现了企业内部多源异构数据的统一存储，打破了传统数据中心的限制，实现了数据的全局可视和高效流动。同时，通过 AI 工具链 ModelEngine，解决了数据工程耗时长、应用对接难度大、AI 集群可用度低等问题，实现金融数据基础设施的存储创新，不仅优化了数据存储结构，提高了数据处理效率，还为金融行业在 AI 时代的应用提供了有力支持。

2. 物联网设备的智能化

物联网设备的智能化是现代技术发展的重要趋势之一。

数据处理和资源管理的算法优化使得物联网设备能够实时处理和分析数据，实现更精准的环境监测和资源管理。这不仅提高了设备的智能化水平，还为各行各业带来了革命性的变化。

现实例子 智能城市项目中，经算法优化的传感器网络能够实时监测交通流量和空气质量，从而优化交通信号控制和污染治理。例如，新加坡利用智能传感器网络对城市交通进行实时监控，通过动态调整交通信号灯，有效缓解了交通拥堵问题。同时，空气质量监测系统能够及时发现污染源并采取措施，改善了城市居民的生活环境。

3. 人工智能技术的进步

人工智能技术的进步极大地推动了图像和语音识别的发展。卷积神经网络和循环神经网络等算法的引入极大提高了图像和语音识别的准确性。这些技术的应用不局限于消费电子产品，还被广泛应用于医疗、金融、安防等多个领域。

现实例子 2025 年，中国智能手机市场迎来了一款具有强大 AI 功能的新型手机。通过 AI 算法，该手机可以智能识别拍摄对象，自动进行场景优化，极大提升拍照效果。在语音识别方面，该手机的 AI 语音助手也显著改进，支持多种方言和自然交流，让人与设备的互动更为人性化。这种语音助手的改进得益于人工智能技术的进步，使得语音识别的准确率和响应速度都得到了显著提升。这表明，人工智能技术的进步不仅提升了图像和语音识别的性能，还增强了智能手机在市场竞争中的优势。

4. 高性能计算取得突破

高性能计算的突破使得科学家能够解决以前难以想象的复杂问题，如模拟宇宙演化、蛋白质折叠等。计算能力的提升不仅加速了科学研究的进程，还为解决实际问题提供了强大的工具。

现实例子 在生物医药领域，AlphaFold 使用深度学习算法成功预测了蛋白质的三维结构，解决了生物学界长期存在的难题。这一突破对于新药开发和疾病治疗具有重大意义。此外，气候科学家利用高性能计算模拟全球气候变化，预测未来几十年的气候趋势，为制定应对气候变化的政策提供了科学依据。

5. 推动机器人技术快速发展

强化学习算法的突破使得机器人能够在复杂环境中自主学习和决策，推动了机器人技术的快速发展。通过强化学习，机器人能够在与环境的互动中不断优化自己的行为策略，实现更加灵活和智能的操作。

现实例子 波士顿动力的机器人通过强化学习算法进行自我训练，实现了在复杂地形中行走和跳跃的能力。其开发的四足机器人 Spot 能够适应不同的地形环境，执行巡逻、勘探等任务。此外，强化学习还被应用于工业机器人，使其能够自主优化生产流程，提高生产效率和灵活性。

综上所述，云计算服务优化、物联网设备智能化、人工智能技术进步、高性能计算突破以及强化学习算法在机器人技术中的应用，都是当前技术发展的重要方向。算法的提升不仅提高了计算速度和资源利用率，还推动了各个领域的技术革新和应用拓展。通过算法优化和技术创新，这些领域正在不断推动社会进步和产业升级，为人类带来更加便捷、智能和高效的生活方式。

三、算法的复杂性和智能化程度不断得到提高

随着技术的不断进步，算法的复杂性和智能化程度也在不断得到提高。在医疗健康领域，算法的进步使得疾病的诊断和治疗更加精准。例如，深度学习技术在医学影像分析中的应用，能够帮助医生识别出早期癌症等疾病，提高了诊断的准确度和效率。此外，个性化医疗的进步也得益于算法的发展，通过分析患者的遗传信息和生活习惯，算法能够为患者提供定制化的治疗方案，从而提高治疗效果。

在金融行业，算法交易和风险管理的智能化，使得金融机构能够更有效地预测市场趋势，降低投资风险。算法的优化还使得自动驾驶汽车能够更安全、更智能地行驶在道路上，减少交通事故的发生。在农业领域，智能算法能够帮助农民

优化种植计划，提高作物产量和质量，同时减少资源浪费。

这些现实例子表明，算法不仅是算力霸权的核心技术，也是推动各行各业创新和进步的关键力量。

1. 医疗健康领域的精准诊断与治疗

在医疗健康领域，算法的进步使得疾病的诊断和治疗变得更加精准和高效。深度学习技术作为算法的一个重要分支，其在医学影像分析中的应用尤为突出。通过训练大量的医学影像数据，深度学习算法能够识别出微小的病变特征，从而辅助医生进行早期癌症等疾病的诊断。

例如，随着 AI 技术的发展，我国医疗健康领域迎来了 AI 辅助诊断技术的快速发展。例如，AI 辅助诊断系统在影像科的渗透率已达到 78%，误诊率下降至 4.3%。这些系统通过深度学习算法，能够自动识别和标记 CT、MRI（磁共振影像）等医学图像中的病变区域，为医生提供快速而准确的诊断结果。例如，我国多家医疗机构采用的基于深度学习的 AI 影像诊断系统，能够高效识别肺结节、脑出血、乳腺癌等疾病的迹象，显著提高了诊断速度和准确性。此外，AI 技术还被应用于疾病预测和个性化治疗方案的制订。例如，腾讯觅影可以早期诊断食管癌和肺癌，而百度和阿里健康则提供智能病例库矩阵，帮助医生制订更精准的治疗方案。这些技术不仅提高了诊断的准确性，还为患者提供了更个性化的治疗方案，提升了治疗效果。在临床应用方面，AI 辅助诊断系统已经在一些知名医疗机构与科技公司的合作中得到广泛应用。这些系统通过分析海量的医疗数据，包括影像、实验室结果和病历记录，进行自动化诊断。2025 年，AI 技术在医疗健康领域的应用，不仅提高了疾病的诊断和治疗的精准度，还提升了医疗服务的整体效率。

2. 金融行业的智能化交易与风险管理

在金融行业，算法的应用同样广泛而深入。算法交易和风险管理是金融行业智能化的两个重要方面。

算法交易利用先进的算法和数学模型，在极短的时间内执行大量的交易操作。这种交易方式不仅提高了市场的流动性，还使得金融机构能够更有效地捕捉市场机会，降低交易成本。例如，文艺复兴科技公司的 Medallion 基金就是一家以算法交易为核心策略的基金公司。该基金通过复杂的算法模型，在股票、债券等多个市场进行高频交易，取得了丰厚的收益。

在风险管理方面，金融机构利用机器学习算法分析市场数据、预测风险。这些算法能够实时监测市场动态，识别潜在的风险因素，并采取相应的措施进行防范。例如，摩根大通公司的 COiN 平台就是一款利用自然语言处理技术分析法律文件和合同的风险管理工具。该系统能够自动识别和提取合同中的关键条款和风险点，为金融机构提供及时、准确的风险评估。

3. 自动驾驶汽车的智能性与安全性

自动驾驶汽车是算法技术应用的另一个重要领域。自动驾驶汽车通过集成传感器、摄像头、激光雷达等多种设备，实时感知周围环境并做出相应的决策。这些决策过程依赖于复杂的算法模型，包括深度学习、强化学习等。

例如，威摩（Waymo）和特斯拉等自动驾驶汽车公司就利用深度学习算法进行环境感知和决策。这些算法能够识别道路上的障碍物、行人、车辆等目标，并预测它们的运动轨迹。在此基础上，自动驾驶汽车能够做出安全的行驶决策，如避让障碍物、保持车距等。这不仅提高了道路的安全性，还使得自动驾驶汽车能够在各种复杂环境中稳定运行。

此外，自动驾驶汽车的算法优化还涉及路径规划、车辆控制等多个方面。通过不断优化算法，自动驾驶汽车能够更加高效地行驶在道路上，减少能源消耗和排放。

4. 农业领域的智能种植与资源优化

在农业领域，智能算法的应用同样具有重要意义。通过集成物联网、大数据等技术，智能算法能够帮助农民优化种植计划、提高作物产量和质量。

例如，约翰迪尔公司的智能农业解决方案就利用了先进的算法技术。该系统通过收集和分析土壤湿度、温度、光照等环境数据，以及作物的生长周期、病虫害情况等作物数据，为农民提供精准的种植建议。这些建议包括施肥量、灌溉量、种植密度等关键参数，能够帮助农民选择高效、环保的种植方式。

此外，智能算法还能够优化农业资源的使用。通过实时监测和分析农田的灌溉、施肥等过程，算法能够发现资源浪费的问题并采取相应的措施进行改进。这不仅提高了资源的利用率，还减少了环境污染和对生态的破坏。

5. 算法在其他领域的广泛应用

除了上述领域，算法还在其他多个领域中发挥着重要作用。例如，在推荐系统中，算法通过分析用户的浏览历史、购买记录等信息，为用户推荐相关的商品或服务。这不仅能够提高用户的购物体验，还能够为商家带来更多的销售机会。

在语音识别和自然语言处理领域，算法的应用同样广泛。通过训练大量的语音数据和文本数据，算法能够识别用户的语音指令并做出相应的回应。例如，谷歌公司的 Google Assistant 和亚马逊公司的 Amazon Alexa 等智能助手就是利用深度学习算法实现语音识别和自然语言处理技术的典型代表。它们能够理解用户的语音指令并做出相应的回应，如播放音乐、查询天气等。

此外，算法还在智能制造、智慧城市等领域中发挥着重要作用。通过集成物联网、大数据等技术，算法能够实现设备的智能互联和数据的实时分析。这不仅提高了生产效率和质量，还使得城市管理和服务更加智能化和高效化。

总之，算法的复杂性和智能化程度在不断提高，为多个行业带来了革命性的变革。在医疗健康领域，算法的应用使得疾病的诊断和治疗更加精准和高效；在金融行业，算法的应用使得交易更加智能化、风险管理更加精准。

四、算法对开发者提出更高要求

算法要求开发者不仅要具备深厚的数学和统计学基础，还要对计算机科学有深入理解。算法的创新往往需要跨学科的知识融合，以及大量的实验和迭代。因此，算法的研发和优化是一个持续的过程，它需要不断地投入和研究。

在数据驱动的当下，算法的开发和优化已经成为推动科技进步和商业创新的关键因素。优秀的算法不仅能够提高计算效率，还能在诸如人工智能、大数据分析、金融模型、医疗诊断等领域发挥巨大作用。然而，要开发出高效且创新的算法，开发者必须具备跨学科的知识和技能，同时还要进行大量的实验和迭代。以下将从几个方面详细论述这一过程。

1. 跨学科知识的重要性

算法开发不仅局限于计算机科学领域，它需要结合数学、统计学、物理学、生物学等多个学科的知识。例如，在机器学习领域，算法设计者需要深刻理解线性代数、概率论和统计学，以便更好地设计和优化模型。

比如，在自然语言处理中，算法设计者需要运用语言学的知识来理解句子结构，同时利用概率论和统计学来构建语言模型。例如，基于 Transformers 的双向编码器表示 BERT（Bidirectional Encoder Representations from Transformers）模型就是通过将深度学习和语言学知识相结合，显著提高了机器翻译和文本理解的准确性。

2. 持续的实验和迭代

算法的开发和优化是一个不断迭代的过程。开发者需要通过实验来测试算法的性能，然后根据实验结果不断调整和改进算法。这个过程可能需要反复进行，直到达到满意的性能指标。如在自动驾驶汽车的研发过程中，算法需要不断地在真实世界和模拟环境中进行测试。

3. 对计算机科学知识的深入理解

尽管算法开发需要跨学科知识，但计算机科学的基础知识仍然是核心。这包括数据结构、算法理论、计算机体系结构、操作系统等。开发者需要对这些基础知识有深入的理解，才能设计出既高效又可靠的算法。

比如，在高性能计算领域，算法设计者需要深入理解并行计算和分布式系统。其中，谷歌的分布式机器学习框架 TensorFlow 就允许开发者利用多图形处理器和多节点集群来加速大规模深度学习模型的训练过程。

4. 大数据和实时计算的挑战

随着数据量的爆炸性增长，算法开发者面临着处理大数据和实现实时计算的挑战。这不仅要求算法能够高效地处理海量数据，还要求算法能够在极短的时间内给出结果。

比如，在金融领域，高频交易系统需要在毫秒级别内完成复杂的算法交易决策。这些系统通常依赖于复杂的数学模型和高效的算法来分析市场数据，并在极短的时间内执行交易。

5. 社会和伦理考量

算法的开发和应用不仅是技术问题，还涉及社会和伦理问题。开发者需要考虑算法可能带来的社会影响，例如隐私保护、偏见和歧视等问题。

比如，在人脸识别技术的应用中，算法可能会因为训练数据的偏差而导致对某些群体的识别准确率较低，从而产生歧视问题。因此，开发者需要在设计算法时考虑多样性和公平性，以确保技术的公正性。

综上所述，算法的开发和优化是一个复杂而持续的过程，它不仅需要开发者具备跨学科的知识和技能，还需要他们进行大量的实验和迭代。计算机科学的基础知识、大数据处理能力以及对社会和伦理问题的考量都是不可或缺的。通过不断的努力和创新，开发者可以设计出更加高效、智能和公正的算法，从而推动社会的进步和科技的发展。

五、算法优势的重要性和竞争力

　　算法作为构建算力霸权的核心技术逻辑，其重要性不言而喻。在当今这个信息化和数字化迅速发展的时代，拥有先进的算法意味着能够更高效地处理海量数据，从而在人工智能、大数据分析、云计算等领域占据主导地位。因此，算法优势转化为实际应用中的竞争力，使得拥有先进算法的企业或国家能够在科技竞赛中脱颖而出，形成一种技术上的霸权。这种霸权不仅体现在商业竞争中，更在国家安全、经济影响力等方面具有深远的意义。

1. 算法在人工智能领域的应用与霸权

（1）机器学习与深度学习算法

　　在人工智能领域，机器学习和深度学习算法是构建智能系统的核心。例如，谷歌的阿尔法狗使用深度学习算法在围棋比赛中击败了世界冠军李世石，这不仅展示了算法的先进性，也标志着人工智能在复杂决策任务中的巨大潜力。类似地，亚马逊和阿里巴巴等电商巨头利用机器学习算法优化其推荐系统，极大地提升了用户体验和销售效率。

（2）自然语言处理

自然语言处理是另一个将算法优势转化为实际应用竞争力的典型例子。谷歌翻译通过不断优化其算法，能够提供越来越准确的翻译服务，打破语言障碍，增强其在全球市场的竞争力。

2. 算法在大数据分析中的作用

（1）数据挖掘与预测分析

在大数据时代，数据挖掘和预测分析是企业获取竞争优势的关键。例如，网飞（Netflix）通过分析用户的观看习惯和偏好，使用复杂的算法模型来推荐个性化内容，从而显著提高用户满意度和留存率。此外，金融机构使用算法进行风险评估和欺诈检测，有效地降低了运营风险。

（2）优化供应链管理

算法在优化供应链管理方面也发挥了重要作用。比如，世界零售巨头沃尔玛利用先进的算法对销售数据进行分析，预测不同地区的商品需求，从而优化库存管理和物流配送，减少了成本并提高了效率。

3. 算法在云计算中的应用

（1）资源调度与管理

云计算平台依赖于高效的算法来管理庞大的计算资源。亚马逊的 AWS 通过智能算法优化其数据中心的资源调度，确保了服务的高可用性和弹性。这种算法优势使得 AWS 在全球云计算市场中占据了主导地位，为亚马逊带来了巨大的经济利益。

（2）安全与隐私保护

随着云计算的普及，数据安全和隐私保护变得尤为重要。谷歌的云平台利用先进的加密算法和访问控制机制，确保了用户数据的安全性。这种技术优势不仅增强了用户对谷歌云平台的信任，也为其在激烈的市场竞争中赢得了优势。

4. 算法霸权在国家安全中的体现

（1）网络安全

在国家安全层面，算法霸权同样具有重要意义。例如，美国国家安全局在 2007 年就开始实施一项名为"棱镜"的绝密电子监听计划，进入美国网际网络公司的中心服务器挖掘数据、收集情报，监听美国民众与其他国家首脑。不仅如此，某些西方媒体极力歪曲和丑化中国共产党形象，传播西方政治观点与价值理念，开展意识形态领域的话语渗透，引导不知情的网民攻击党和政府，对我国主流意识形态认同产生巨大威胁。因而，我们要利用先进的算法进行大规模的信号情报收集和分析，以维护国家安全。这些算法能够快速处理和分析海量的通信数据，帮助我国政府及时发现和应对潜在威胁。

（2）军事应用

在军事领域，算法同样扮演着关键角色。美国的无人机和导弹系统使用复杂的算法进行目标识别和路径规划，提高了作战效率和精确度。这种技术优势使得美国在军事技术上保持了领先地位，增强了其全球战略影响力。

5. 算法霸权对经济影响力的影响

（1）金融市场的算法交易

在经济领域，算法霸权同样具有显著的影响。例如，高频交易使用复杂的算法在毫秒级别内完成大量交易，影响了全球金融市场的运作方式。这些算法交易不仅提高了市场效率，也使得掌握先进算法的金融机构能够获得竞争优势。

（2）互联网经济的平台算法

互联网经济中，平台算法对市场格局产生了深远的影响。例如，小红书和微博等社交媒体平台使用算法来决定内容的展示顺序，影响了信息的传播和公众舆论。这些平台算法不仅塑造了用户的行为习惯，也为其背后的公司带来了巨大的经济利益。

总之，算法作为构建算力霸权的核心技术逻辑，在人工智能、大数据分析、云计算、国家安全和经济影响力等多个领域都发挥着至关重要的作用。拥有先进算法的企业和国家能够在科技竞赛中脱颖而出，形成一种技术上的霸权，从而在商业竞争、国家安全和经济影响力等方面占据主导地位。随着技术的不断进步，算法的重要性只会进一步凸显，其在构建未来世界中的作用将更加显著。

六、算法创新、研发和优化

在算法领域，创新的速度和质量往往决定了一个企业或国家在科技领域的竞争力。随着人工智能、机器学习等技术的快速发展，算法的优化和创新变得尤为重要。算法的优化不仅能够提升计算速度，还能提高计算资源的利用率，使得其在有限的硬件条件下实现更高的性能。这种技术优势转化为实际应用中的竞争力，使得拥有先进算法的企业和国家能够在科技竞赛中脱颖而出，形成技术霸权。

算法的创新、研发以及优化是一个持续不断的过程，它需要持续不断地进行大量的研究。在这个过程中，研究人员和技术人员需要不断地探索新的方法和技术，以提高算法的效率。同时，他们还需要不断地对现有的算法进行改进和优化，以适应不断变化的应用场景和需求。这个过程不仅需要深厚的专业知识和丰富的经验，还需要推陈出新的思维和敏锐的洞察力。只有通过持续的努力和投入，人类才能在算法的研发和优化中取得突破性进展，推动技术进步和发展。

1. 算法优化提升计算效率与性能

算法优化的首要目标是提升计算效率和性能。随着数据量的爆炸式增长，如何快速准确地处理这些数据成为挑战。优化后的算法能够显著减少计算时间，提高数据处理速度，这对于需要实时处理大量数据的应用场景尤为重要。

现实例子 在金融服务领域，高频交易是一个典型的例子。高频交易依赖复杂的算法来分析市场数据，并在毫秒级别的时间内做出交易决策。通过算法优化，交易系统可以更快地处理市场信息，从而在竞争中获得优势。

2. 算法优化对资源利用率的影响

算法优化不仅能够提升计算速度，还能提高计算资源的利用率。在有限的硬件条件下，优化算法可以减少对计算资源的需求，降低能耗，这对于构建可持续发展的技术生态系统至关重要。

现实例子 在移动设备领域，由于硬件资源有限，算法优化显得尤为重要。苹果公司在其 iOS 设备上使用的 Siri 语音识别功能，就是通过算法优化来提高资源利用率的案例。通过使用深度学习技术优化语音识别算法，Siri 能够在不显著消耗设备电量的情况下，快速准确地识别用户的语音指令。

3. 算法优化推动技术创新与应用

算法的创新和优化是推动整个技术领域进步的重要动力。新的算法往往能够开辟新的应用场景，解决之前无法解决的问题，从而推动整个行业的技术革新。

现实例子 在医疗领域，深度学习算法的创新使得计算机视觉技术在医学影像分析中得到了广泛应用。例如，谷歌健康深度学习模型可以准确地识别乳腺癌的早期迹象，其准确率甚至超过了人类放射科医生。这种算法的创新不仅提高了诊断的准确性，还加快了诊断的速度，极大地推动了医疗技术的发展。

4. 算法创新与企业竞争力

算法的优化和创新对企业在科技领域的竞争力具有决定性影响。拥有先进算法的企业能够在产品和服务中提供更优的用户体验，从而在市场竞争中占据优势。

现实例子 在推荐系统领域，网飞公司通过创新的推荐算法显著提升了用户满意度和观看时长。网飞公司的推荐系统结合了协同过滤、内容推荐和深度学习等多种算法，能够更准确地预测用户的观看偏好。这一创新不仅提升了用户体验，还增加了用户的黏性，使得网飞公司在流媒体市场中保持领先地位。

5. 算法创新与国家竞争力

算法的优化和创新不仅对企业重要，对国家的科技竞争力同样具有深远影响。拥有先进算法的国家能够在科技竞赛中脱颖而出，形成技术霸权。

现实例子 在人工智能领域，我国通过大规模投资和政策支持，迅速提升了在算法研究方面的竞争力。例如，我国在计算机视觉和自然语言处理领域取得了显著进展，研发的算法在国际竞赛中屡次获奖。这些技术进步不仅提升了我国在全球科技领域中的地位，还推动了国内产业的升级和创新。

6. 算法创新的持续性和挑战

算法优化和创新不仅对科技和商业领域有重要意义，还对实现可持续发展和社会责任具有深远影响。例如，在环境保护领域，通过优化算法可以更准确地预测气候变化趋势，为制定应对措施提供科学依据。在教育领域，个性化学习算法可以帮助教师根据学生的学习情况制订个性化的教学方案，提高教育质量。

算法的创新和优化是一个跨学科、持续性的过程，它对企业和国家的科技竞争力具有深远的影响。随着技术的发展和应用场景的变化，算法创新面临的挑战也在不断增加，需要不断地进行更新和改进。只有持续投入资源，我们才能保持算法的竞争力和创新力。

下面，我们来看几个领域的具体案例。

（1）金融服务行业

在金融服务行业，算法优化的一个典型例子是高频交易。高频交易系统通过优化算法，能够在毫秒级别上分析市场数据，执行大量交易，从而为投资者提供竞争优势。例如，跃动交易集团（Jump Trading Group）利用先进的算法和大数据分析技术，在全球范围内进行高频交易，极大地提升了交易效率和市场流动性。

（2）医疗健康领域

在医疗健康领域，深度学习算法的创新使得医学影像分析更加准确和高效。例如，谷歌的深度思维（DeepMind）团队开发了一种深度学习算法，能够快速准确地分析眼科扫描图像，帮助医生诊断眼科疾病。这种算法的创新不仅提高了诊断的准确性，还大大缩短了诊断时间，提高了医疗服务的效率。

（3）跨领域合作

跨领域合作的一个成功例子是自动驾驶技术的发展。自动驾驶技术涉及计算机视觉、传感器融合、机器学习等多个领域。例如，百度萝卜快跑通过与多个领域的专家合作，开发了先进的自动驾驶算法，使得其自动驾驶汽车能够在复杂的交通环境中安全行驶。这种跨领域的合作不仅推动了自动驾驶技术的发展，还为未来的智能交通系统奠定了技术基础。

（4）政府与企业的支持

政府和企业对算法研发的支持在许多领域都发挥了重要作用。例如，2024 年我国国家社会科学基金资助了大量计算机科学和人工智能的研究项目，推动了这些领域的技术进步。此外，百度网盘云服务为研究人员提供了强大的计算资源，使得他们能够进行大规模的数据分析和算法测试，加速了算法创新的进程。

（5）可持续发展与社会责任

在可持续发展方面，算法优化的一个例子是智能电网技术。智能电网通过优化算法，能够更高效地分配和管理电力资源，提高能源利用效率。例如，我国的国家电网公司利用大数据和人工智能技术，开发了智能电网管理系统，实现了对电网运行的实时监控和优化调度，有效提高了电力系统的稳定性和效率。

由此可见，算法的优化和创新不仅在科技和商业领域具有重要意义，还对实现可持续发展和社会责任具有深远影响。通过跨领域的合作和知识共享、政府和企业的支持，以及不断的技术创新，算法将继续推动各个领域的发展，为人类社会带来更多可能性和进步。

第二章

算力与新质生产力

CHAPTER 2

随着科技的快速发展，算力已经成为衡量一个国家或地区科技实力和信息化水平的关键指标之一。它不仅与科学研究、工程技术、经济管理等传统领域的创新与发展息息相关，而且在人工智能、大数据分析、云计算等前沿领域中扮演着不可或缺的角色。算力的增强能够加速解决复杂问题，提升工作效率，推动科技进步，进而为社会带来新的生产力。

新质生产力指的是在信息技术、生物技术、新能源技术等前沿领域中，通过科技创新和产业升级所形成的新型生产力。这种生产力以高效、环保、可持续为特点，能够促进传统产业的转型与升级，推动新兴产业发展，为经济增长注入新动力。新质生产力的出现，是人类社会生产力发展到一定阶段的必然结果，它预示着未来经济发展的新方向和新趋势。

算力与新质生产力之间存在着紧密的联系。一方面，算力是新质生产力发展的基石。在大数据时代，海量数据的处理和分析需要强大的算力支持，算力可将数据转化为有价值的信息和知识，进而推动科技创新和产业升级。另一方面，新质生产力的发展也促进了算力的提升。随着人工智能、物联网等技术的广泛运用，对算力的需求不断增长，这推动了计算技术的持续进步，算力水平也不断增强。

因此，算力与新质生产力之间相互作用和协同发展的关系，对于推动社会生产力的整体提升具有至关重要的意义。在这一进程中，我们需要不断加强算力基础设施建设，提高算力资源利用效率，同时注重科技创新，培育和发展新质生产力，以实现经济的高质量发展和社会的全面进步。

— 第一节 —
算力与新质生产力的关系

一、新质生产力的概念和意义

1. 新质生产力的概念

新质生产力是指通过科技创新、组织变革和模式创新等手段，推动生产效率和质量大幅提升的新型生产力。它强调智能化、数字化、绿色化和个性化，旨在实现资源高效利用、环境可持续发展，满足多样化需求。新质生产力通过跨界融合、平台经济和共享经济等方式，促进产业转型升级，推动经济高质量发展。

新质生产力的概念涵盖了多个层面。首先，它强调的是在新兴技术领域的创新，这些技术包括但不限于人工智能、大数据、云计算、物联网、基因编辑、合成生物学、太阳能、风能、储能技术等。这些技术的发展和应用，正在逐步改变人类的生产方式和生活方式。

其次，新质生产力注重效率和质量提升。通过智能化、自动化技术的应用，生产过程变得更加高效，资源利用更加合理，产品和服务的质量得到显著提升。同时，新质生产力还强调环保和可持续性，通过减少对环境的破坏和对资源的过度消耗，实现经济的绿色发展。

2. 新质生产力的意义

（1）推动产业升级和转型

在当今全球化的经济环境中，推动产业升级和转型是各国经济发展的关键。新质生产力通过引入先进的技术和管理方法，帮助传统产业实现技术改造和管理升级，提高生产效率和产品质量，增强市场竞争力。目前，我国的传统制造业正在经历一场深刻的变革。通过引入工业 4.0 技术，如物联网、大数据和人工智能技术，许多工厂实现了自动化和智能化改造。例如，海尔集团通过引入智能制造系统，实现了生产线的灵活调整和个性化定制，大大提高了生产效率和产品质量，增强了其在全球市场的竞争力。

（2）促进新兴产业发展

促进新兴产业发展是新质生产力的另一个重要贡献。新质生产力为新兴产业的发展提供了技术基础和市场空间，推动了新能源汽车、可再生能源、生物制药等新兴产业的快速发展。以新能源汽车为例，特斯拉公司通过其创新的电池技术和电动汽车设计，不仅推动了新能源汽车行业的快速发展，还带动了相关产业链的升级。我国的比亚迪公司通过自主研发的磷酸铁锂电池技术，成为全球新能源汽车市场的领先者。

（3）创造新的经济增长点

新质生产力的发展创造了大量新的商业模式和市场机会，如共享经济、远程办公、在线教育等，这些新的经济增长点为经济发展注入了新的活力。以共享经济为例，优步（Uber）和爱彼迎（Airbnb）等公司通过共享资源方式，改变了传统的出行和住宿市场。我国的滴滴出行公司通过整合出租车和私家车资源，提供了便捷的出行服务，成为全球最大的移动出行平台之一。远程办公和在线教育也得到了快速发展，Zoom 和 Coursera 等平台成为全球用户的新选择。

（4）提高资源利用率和环境保护

提高资源利用率和环境保护是新质生产力的另一个重要方面。新质生产力通过技术创新，提高了资源的利用率，减少了生产过程中的废弃物排放，有助于实现经济的可持续发展。例如阿里巴巴集团通过其云计算平台，帮助中小企业实现数据资源的高效利用，降低了中小企业的运营成本，同时减少了能源消耗。

总体来说，新质生产力在推动产业升级和转型、促进新兴产业的发展、创造新的经济增长点以及提高资源利用率和环境保护等方面发挥着至关重要的作用。通过不断的技术创新和管理升级，新质生产力正在引领全球经济迈向更加高效、环保和可持续的未来。

3. 现实例子

（1）生物技术在医疗领域的应用

生物技术在医疗领域的应用正逐渐改变着传统的医疗模式，尤其是在基因编辑技术 CRISPR 的推动下，精准医疗和个性化治疗的理念得以实现。这种技术通过精确地修改基因序列，可显著提高治疗效果，并大大减少药物的副作用。例如，美国的艾迪塔斯医药公司（Editas Medicine）正在积极利用 CRISPR 技术开发新的疗法，特别是针对遗传性眼病的治疗。该公司通过基因编辑技术，能够精准地定位并修复导致眼病的基因缺陷，从而为患者提供更有效的治疗方案。这种创新的治疗方法不仅为患者带来了希望，也为整个医疗行业带来了革命性的变化。

（2）新能源技术的推广

随着新能源技术的不断进步和广泛应用，我们逐渐摆脱对传统化石能源的依赖，从而有效减少环境污染问题。以我国为例，近年来，我国的太阳能和风能产业取得了显著的发展成就，已经成为全球最大的可再生能源市场之一。我国大力推动新能源产业发展，出台了一系列政策和措施，鼓励企业和科研机构加大技术创新和应用推广力度。这些努力使得我国的太阳能和风能技术在国际上具有很强的竞争力。

特斯拉公司作为新能源技术的领军企业，通过推广电动汽车和家用储能系统，极大地推动了全球能源结构的转型。特斯拉公司不仅在电动汽车领域取得了巨大成功，还在储能技术上不断创新，推出了多款高性能的家用储能产品。这些产品不仅能够有效利用太阳能和风能等可再生能源，还能在电力需求高峰期提供稳定的电力供应，从而减少人们对传统化石能源的依赖。

此外，特斯拉公司还通过建设超级充电站网络，解决了电动汽车的续航问题，进一步推动了电动汽车的普及。这些充电站不仅能够为特斯拉汽车提供快速充电服务，还能兼容其他品牌的电动汽车，为整个行业的发展树立了良好的示范效应。

总之，新能源技术的发展和应用正在逐步替代传统的化石能源，可减少环境污染，推动全球能源结构的转型。我国在太阳能和风能产业的快速发展，以及特斯拉公司在电动汽车和家用储能系统的推广，都是这一转型过程中的重要力量。

（3）互联网与传统行业的融合

随着互联网技术的迅猛发展，其与传统行业的深度融合催生了诸多前所未有的商业模式。以我国为例，阿里巴巴和京东这两大电商巨头通过搭建电子商务平台，彻底颠覆传统零售模式，不仅为消费者提供了更加便捷的购物体验，还推动整个零售业的数字化转型，使得商家能够更高效地管理库存、优化供应链，并通过大数据分析精准定位市场需求。

由此可见，新质生产力是未来经济发展的关键驱动力。通过科技创新和产业升级，新质生产力不仅能够推动传统产业的转型升级，还能促进新兴产业的发展，为经济增长注入新的活力。同时，新质生产力注重环保和可持续性，有助于实现经济的绿色发展。随着技术的不断进步和应用的不断深入，新质生产力将在未来发挥更加重要的作用。

二、算力与新质生产力之间的关系

算力是衡量一个国家或地区信息处理能力的重要指标。随着信息技术的飞速发展，算力已成为推动新质生产力发展的关键因素。新质生产力是指以科技创新为主导形成的新型生产力。它能够极大地提高生产效率，改变生产方式，创造新的经济增长点。算力与新质生产力之间的关系可以从以下几个方面进行详细阐述。

1. 算力为新质生产力提供基础支撑

作为新时代生产力发展的基石，算力的重要性愈加凸显。随着大数据、人工智能、云计算等前沿技术的迅猛发展，算力已经成为处理海量数据、实现复杂算法、提供智能服务的核心资源。例如，在深度学习领域，算法的训练需要大量的计算资源，而这些经过深度学习训练的模型已经在图像识别、语音识别、自然语言处理等多个领域取得了突破性进展。如果没有强大的算力支持，这些技术的应用和推广将受到极大限制，从而影响整个社会的科技进步和经济发展。

现实例子 在医疗领域，算力的应用使得精准医疗成为可能。通过分析大量基因数据和病历信息，算力可以帮助医生更准确地诊断疾病，制订个性化的治疗方案。

2. 算力推动生产方式变革

算力的显著提升在很大程度上推动了生产方式的深刻变革。在传统工业生产模式中，生产过程的优化主要依赖于工人的经验和手工调整，这种方式往往耗时且容易出错。然而，随着算力的飞速发展，生产过程可以通过模拟、优化算法以及其他先进的计算手段实现自动化和智能化。这不仅大大提高了生产效率，还显著提升了产品质量。

智能制造和工业互联网等前沿概念的提出和广泛实践，都离不开算力的强大支撑。算力使得生产系统能够实时处理和分析海量数据，从而实现精准的生产控制和优化。通过算力的支持，生产过程中的各个环节可以实现无缝对接，进一步提高资源利用率和生产灵活性。此外，算力还使生产过程中的预测和故障诊断变得更加准确和高效，从而减少停机时间和维护成本。总之，算力的提升为生产方式带来了革命性的变化，使得生产过程更加高效、智能和可持续。

现实例子 德国的"工业4.0"战略就是利用算力推动制造业的智能化升级。通过物联网技术将生产设备连接起来，实现数据的实时收集和分析，从而优化生产流程，减少浪费，提高生产效率。例如，西门子的智能工厂利用先进的算法和大数据分析，实现了生产线的自适应调整，大幅提升了生产灵活性和效率。

3. 算力促进新产业的形成和发展

算力的显著提升为新兴产业的诞生和成长开辟了广阔前景。在互联网、大数据、人工智能等前沿技术的驱动下，算力已经成为推动新产业发展不可或缺的核心资源。例如，区块链技术的迅猛发展离不开强大的算力支持，这些算力确保了区块链网络的安全性和稳定性。云计算服务的广泛普及也依赖于大规模数据中心的建设，这些数据中心需要强大的算力来提供高效、可靠的计算资源。因此，算力的提升不仅为新技术的应用提供了坚实的基础，还为未来产业的创新和发展注入了强大动力。

现实例子 北仑（灵峰）高端模具汽配产业集群打造园区"数字大脑"，搭建模具工业互联网，链接众模云、中模云等工业互联网云平台和技术创新平台，基于"Neural-MOS生产操作系统＋工业App＋数据链指挥系统"构建企业数字化体系，形成智能设计、模拟仿真、智能动态排程、数字孪生、智模贷等典型应用场景，推动企业设计、生产、采购、销售等核心业务数字化改造，集群内模具企业生产效率平均提升 25%，管理人员减少 30%。数据算力的发展正在助力我国区域产业发展。

4. 算力加速科技创新和知识生产

随着算力的显著提升，科技创新和知识生产的进程得到了极大的加速。在科学研究的各个领域，算力均成为至关重要的工具，极大地推动了研究的深度和广度。通过强大的计算能力，科学家们能够快速进行复杂的模拟实验，这些实验在传统方法下可能需要耗费数年甚至数十年的时间。算力的提升使得新理论的验证和新产品的开发变得高效。

现实例子 在气候科学领域，算力使得科学家能够构建更为精细的气候模型，从而更准确地预测气候变化趋势和极端天气事件。这些模型需要处理海量气象数据，进行复杂计算，以模拟大气、海洋和陆地之间的相互作用。算力的提升使得这些模型模拟的准确率更高，预测结果更为可靠，从而为应对气候变化提供了重要的科学依据。

在天体物理学领域，算力同样发挥着不可替代的作用。通过强大的计算能力，天文学家可以处理来自望远镜的海量数据，进行复杂的天体模拟，探索宇宙的起源、结构和演化。算力的提升使得天文学家能够更深入地研究黑洞、中子星、暗物质和暗能量等神秘天体，推动人类对宇宙的认知不断向前发展。

在药物研发领域，算力的应用大大缩短了新药的研发周期。通过计算机模拟和高通量计算，研究人员可以在短时间内筛选出大量潜在的药物分子，并预测其药效和副作用。例如，谷歌深度思维的 AlphaFold 系统在蛋白质结构预测方面取得了重大突破，这将极大加速新药研发过程。

总之，算力的提升不仅加速了科技创新和知识生产的进程，还在多个科学研究领域中发挥着至关重要的作用。它使得复杂问题的解决变得更加高效，推动科学前沿不断拓展，为人类社会进步提供了强大动力。

5. 算力推动社会经济结构优化

算力的提升可推动社会经济结构的优化升级。随着算力的不断增强，我们能够更加高效地利用各种资源，实现资源的优化配置。这不仅能够提高社会生产效率，还能促进经济可持续发展。例如，在智能交通系统中，算力的应用可以对交通流量进行实时分析和预测，从而优化交通管理，减少交通拥堵和事故发生，不仅提高了交通系统的运行效率，还减少了能源消耗和环境污染，推动了经济的绿色可持续发展。

算力的提升还可以应用于其他领域，如智能制造、精准医疗、智慧城市等，这样不仅能够提高生产效率，还能改善人们的生活质量，推动社会经济结构的全面优化。

现实例子 在城市管理中，算力的应用使得"智慧城市"成为可能。通过安装传感器和摄像头收集城市运行数据，结合大数据分析和人工智能技术，我们可以实现对城市交通、能源、安全等方面的智能管理。例如，深圳、杭州等城市已经建立了较为完善的智能交通系统，有效缓解了城市交通压力，提高了市民的生活质量。

综上所述，算力作为新质生产力的基础，不仅推动了生产方式变革，促进了新产业的形成和发展，还加速了科技创新和知识生产的进程，推动了社会经济结构优化。随着算力技术的不断进步，其在推动新质生产力发展中的作用将越来越重要。未来，算力将成为衡量一个国家竞争力的重要标志，成为推动社会进步和经济发展的关键力量。

— 第二节 —
算力与新质生产力的演进规律

算力与新质生产力之间的演进规律表现在多个方面。随着算力的指数级增长，新质生产力得以智能化发展；算力效率的提升促进了生产流程自动化；算力成本的降低为新质生产力的产业结构升级提供了条件；多样化计算架构的发展推动了经济增长方式的转变。

一、算力的指数级增长与生产力的质变

随着科技的不断进步和发展，算力呈现出指数级的增长

趋势。这种增长不仅体现在硬件设备性能的大幅提升上，还体现在软件算法的不断优化和大数据处理能力的显著增强上。

具体来说，硬件设备性能的提升包括处理器速度的加快、存储容量的增大以及网络传输速度的提高等方面。这些硬件设备的性能提升，使计算任务能够更快、更高效地完成。与此同时，软件算法的优化推动了算力的增长。在相同的硬件条件下，改进算法可以更高效地完成计算任务，甚至在某些情况下，优化算法可以实现硬件性能的"虚拟提升"。

此外，大数据处理能力的增强也是算力增长的重要方面。随着数据量的爆炸性增长，如何快速、准确地处理和分析数据成为重要问题。通过大数据技术的发展，我们能够更好地应对海量数据的挑战，从中提取有价值的信息，为决策提供支持。

算力的指数级增长，为新质生产力的进步提供了坚实的物质基础和技术保障。算力的提升使得各行各业许多原本难以实现的应用成为可能，推动了生产力的飞跃发展。例如，在人工智能、物联网、云计算等领域，算力的提升使得这些技术得以广泛应用，极大地改变了人们的工作和生活方式。因此，算力增长不仅是技术问题，更是关系到国家竞争力和社会进步的重要因素。

现实例子 北京经济技术开发区依托亦庄智能城市研究院，开发公共智能算力中心启动和算力调度服务平台，率先推出我国首个"算力资源＋运营服务＋场景应用"一体化建设工程，计划通过建设 1 个公共智能算力中心、1 个算力调度服务平台和 1 个算力产业技术联盟，构建数字经济时代的新型算力基础设施，为区域一体化协同提供"大算力"，支撑人工智能行业"大模型"，赋能千行百业应用"大场景"，打造数据高效流通"大产业"。目前平台已在自动驾驶、智能制造等非常具有挑战的场景中发挥作用，向需求用户提供无感调度和透明监管能力，实现了京津冀、东西部和国际算力资源的优化配置。

二、算力的普及与生产力的普惠化

随着云计算、边缘计算以及其他先进技术的广泛普及和应用，获取算力资源变得更加容易。这不仅为中小企业提供了便利，也为个人开发者打开了大门，使其能够轻松享受过去只有大型企业才拥有的强大算力。这种现象极大推动新质生产力的创新进程。

算力资源的普及不仅降低了创新门槛，还使得更多的人能够参与到科技创新的浪潮中。无论是初创公司还是独立开发者，都能够利用这些强大的计算资源，进行复杂的数据分析、模型训练和应用开发。这不仅提高了生产效率，还促进了生产力的普惠化，让更多人能够分享科技进步带来的红利。

算力资源的普及还推动了各行各业的数字化转型。企业不再需要投入大量资金购买和维护昂贵的硬件设备，而可以通过云服务按需获取所需的计算资源。这种灵活性和可扩展性使得企业能够更专注于核心业务，快速响应市场变化，从而在激烈的市场竞争中占据有利地位。

现实例子 云计算平台如亚马逊 AWS、微软 Azure 和阿里云等，为全球用户提供按需的计算资源。这些平台使初创公司和独立开发者能以较低的成本进行大规模的数据分析和机器学习实验，从而快速迭代产品和服务。例如，一家初创的生物科技公司可利用云平台上的算力资源进行基因测序数据分析，加速新药的研发进程。

总之，算力资源的普及为社会带来了深远影响，不仅降低了创新的门槛，还推动了生产力的普惠化，为各行各业的数字化转型提供了强有力的支持。

三、算力的协同化与生产力的协同化

算力的协同化是指不同计算资源之间通过高效协作，实现资源的优化配置和充分利用。这种协同化包括了多种计算模式，如分布式计算、并行计算等。通过这些模式，各个计算资源可以相互配合，共同完成复杂的计算任务。算力的协同化能够将分散在不同地理位置的计算能力集中起来，形成强大的计算网络。此网络能将各个计算节点的优势充分发挥出来，从而解决单一计算资源难以应对的复杂问题。

算力的协同化不仅提升了计算效率，还推动了生产力的协同化。通过协同化的算力，不同行业和领域的合作变得更加紧密和高效。这种跨行业、跨领域的合作使得资源可以更加灵活地配置，从而更好地应对各种复杂问题。算力的协同化为各行各业带来了新的发展机遇，使得创新和进步成为可能。

现实例子 全球科研合作项目如人类基因组计划是算力协同化的典型例子。该项目汇集了全球众多科研机构的计算资源，通过协同工作，加速了人类基因组的测序工作，为后续的生物医学研究奠定了基础。此外，分布式账本技术如区块链也依赖于算力的协同，通过网络中众多节点的共同计算，保证了数据的安全性和不可篡改性。

四、算力的绿色化与生产力的可持续发展

随着社会对算力需求的增加，算力所带来的能耗问题也变得越来越严重。因此，推动算力的绿色化已成为促进新质生产力发展的重要方向之一。引入更高效的硬件设备、改进和优化算法以及加强数据中心的能源管理，不仅降低了能耗，还进一步推动了生产力的可持续发展。这不仅减少了对环境的影响，还能在经济上带来长期效益。

现实例子 绿色数据中心是算力绿色化的重要实践。例如，谷歌、苹果等科技巨头在数据中心的设计和运营中采用了多种节能措施，如利用自然冷却技术、太阳能等可再生能源供电。这些措施不仅减少了数据中心的碳足迹，也降低了

运营成本，为企业的可持续发展提供了支持。此外，一些企业还通过采用高效的服务器和存储设备，进一步提高了能源利用效率。例如，谷歌开发了自己的服务器硬件，以确保其数据中心能够以更高的效率运行。此外，苹果公司也在其数据中心中使用了高效的冷却系统和可再生能源，以减少对环境的影响。

除硬件设备的改进外，算法的优化也是推动算力绿色化的重要手段。改进算法可以减少对计算资源的消耗，从而降低能耗。例如，一些研究人员正在开发更高效的机器学习算法，以减少训练模型所需的计算资源。此外，加强数据中心的能源管理也是推动算力绿色化的重要措施。优化数据中心的能源使用，可以进一步降低能耗，提高能源利用效率。例如，一些企业通过采用智能能源管理系统，实时监控和优化数据中心的能源使用，从而降低能耗。

五、算力的智能化与生产力的智能化升级

算力的智能化是指算力资源能够根据应用需求自动调整和优化，实现自我管理和自我优化。这种智能化的算力资源能够更好地适应复杂多变的应用场景，提高资源的使用效率。智能化的算力资源可以实现更加高效、灵活和智能的生产过程。算力的智能化推动了生产力的智能化升级，使得生产过程更加高效、灵活和智能。

现实例子 智能调度系统是算力智能化的一个应用实例。在云计算环境中，智能调度系统可以根据用户的应用需求和资源使用情况，自动分配和调整计算资源。例如，自动驾驶汽车需要实时处理大量传感器数据，通过智能调度系统，云平台能够动态分配足够的算力资源，确保自动驾驶系统的稳定运行。此外，智能工厂中的机器人和自动化设备也依赖于智能化的算力资源，以实现生产过程的实时优化和调整。通过智能化的算力资源，智能工厂能够实现更加高效和灵活的生产过程，提高生产效率和产品质量。

综上所述，算力的指数增长、普及、协同、绿色化和智能化是推动新质生产力演进的重要规律。这些规律不仅体现在技术层面，也深刻影响着社会经济结构和人类生活方式的变革。随着算力技术的不断发展，我们有理由相信，未来的新质生产力将更加高效、智能和可持续。算力的智能化将使生产过程更加智能化，提高资源的使用率，推动生产力的智能化升级。

六、算力驱动新质生产力的具体表现

1.推动科技创新

算力的显著提升为科技创新注入了强大的动力源泉。在科研领域，科学家们得以借助强大的算力进行大规模的数值模拟、数据分析和模型优化，加速科学发现的进程。例如，在天文学领域，通过超级计算机提供的强大算力，研究人员能够对宇宙中的天体进行高精度的模拟和观测，进而揭示宇宙的奥秘。在生命科学领域，算力支持下的基因测序和分析技术能够帮助科学家深入了解生命的本质，为疾病的诊断和治疗提供新的思路和方法，从而推动医学研究的进步。此外，在材料科学、气候模拟、人工智能等多个领域，算力的提升同样发挥着至关重要的作用。强大的算力使得研究人员能够处理和分析海量数据，从而在这些领域中取得突破性的进展。

2. 促进产业升级

算力驱动的数字化、智能化转型正在深刻改变着各产业的发展格局。在制造业中，智能制造系统利用算力实现生产过程的自动化、智能化和柔性化，提高生产效率和产品质量。在服务业中，大数据分析和人工智能技术借助算力为客户提供更加个性化、精准化的服务，提升服务品质和客户满意度。在农业领域，智慧农业系统通过传感器和物联网技术采集数据，利用算力进行分析和决策，实现农业生产的精准化管理和高效化运营。

3. 培育新兴产业

算力的发展催生了一系列新兴产业的崛起。例如，云计算、大数据、人工智能、区块链等新兴技术产业都是在强大算力的支撑下发展起来的。这些新兴产业不仅为经济增长提供了新动力，也创造了大量就业机会和社会财富。同时，新兴产业的发展进一步推动了算力的需求增长，形成了良性循环。

4. 提升社会治理能力

算力在社会治理中也发挥着重要作用。通过大数据分析和人工智能技术，政府可以实现对社会运行的精准监测和智能管理，提高社会治理的效率和水平。例如，在城市管理中，利用算力可以实现交通流量的实时监测和智能调度，提高城市交通的运行效率；在公共安全领域，通过视频监控和数据分析技术，可以及时发现和处理安全隐患，保障人民群众的生命财产安全。

七、加强算力建设，推动新质生产力发展策略

1. 加大研发投入

政府和企业应当进一步加大对算力技术的研发投入力度，积极支持高等院校、科研机构以及各类企业开展关键技术的攻关活动。这种方式可以显著提升我国在算力领域的自主创新能力，确保在这一重要技术领域取得突破和领先地位。与此同时，加强国际合作至关重要，我们应该积极引进国外的先进技术和宝贵经验，通过学习和借鉴，推动我国算力技术

的快速发展，进而促进我国在全球科技竞争中的地位提升。

在国际合作方面，华为公司与德国、法国等国家的科研机构合作，共同研发 5G 网络技术，显著提升了我国在通信算力领域的技术水平。另外，北京大学与美国麻省理工学院合作，建立了联合研究中心，专注于人工智能和高性能计算的研究，为我国算力技术的创新提供了有力支持。通过这些具体的合作和研发项目，我国算力技术逐步走向世界前列。

2. 完善网络基础设施

为了加快建设高速、稳定、安全的网络基础设施，我们必须努力提高网络传输速度和质量。目前，我国正积极推进 5G 网络的全面覆盖，以实现更快的下载和上传速度，更低的延迟，从而为各种新兴应用提供强有力的支持。这些新兴应用包括自动驾驶、远程医疗和智慧城市等，它们将极大改变我们的生活和工作方式。

与此同时，美国和欧洲也在积极部署 5G 网络，以保持其在全球科技竞争中的领先地位。这些国家意识到，5G 网络的全面覆盖将为经济发展和社会进步带来巨大推动力。因此，它们正投入大量资源，加快 5G 网络的建设和推广，以确保在未来科技竞争中占据有利地位。

总的来说，加快建设高速、稳定、安全的网络基础设施，提高网络传输速度和质量，已经成为各国的共识。只有不断进行技术创新和基础设施建设，我们才能实现更加智能、高效和便捷的未来。

同时，我们要加大对数据中心、云计算中心等算力基础设施的建设力度，提高算力的供给能力和服务水平。例如，亚马逊、谷歌和微软等科技巨头正在全球范围内扩建数据中心，以提供更强大的云计算服务。在我国，阿里巴巴和腾讯也在大规模投资建设数据中心，以满足国内企业和个人用户对云计算和大数据服务不断增长的需求。新加坡和日本也在积极建设数据中心，以吸引跨国公司投资，提升本国企业的数字化水平。

3. 培养专业人才

为了进一步加强算力领域专业人才的培养，我们需要建立健全的人才培养体系。这不仅需要高校开设相关专业和课程，更需要培养出具有扎实理论基础和实践能力的专业人才。例如，清华大学和北京大学已经率先设立了"数据科学与大数据技术"专业，为学生提供了系统的学习和研究机会，使他们能够更好地掌握这一领域的知识和技能。

与此同时，企业应当加强对员工的培训和继续教育，以提高员工的算力应用水平。例如，华为公司为员工提供了一系列的云计算和人工智能培训课程，帮助员工掌握最新的技术知识和技能，从而更好地适应行业发展需求。

此外，政府可以出台相关政策支持算力人才的培养。例如，提供奖学金和研究资金资助，鼓励学生和研究人员投身于算力领域。例如，美国国家科学基金会为高性能计算领域的研究项目提供资助，推动了该领域的发展。

通过这些措施，我们可以有效提升算力领域的人才储备，推动技术进步和产业发展。只有这样，我们才能在未来的科技竞争中占据有利地位，为国家的科技进步和经济发展做出更大贡献。

4. 推动产业协同

为了进一步加强算力产业链上下游企业的协同合作，我们需要构建一个完整的产业生态体系。这不仅需要企业之间的紧密配合，还需要政府出台一系列有力的政策措施，以引导和鼓励企业加强合作，共同推动算力产业的快速发展。政府可以通过税收优惠、资金支持、技术研发补贴等多种手段，激发企业的创新活力和合作意愿。

此外，算力产业的发展不应局限于自身领域，应积极与其他相关产业进行深度融合。通过跨界合作，算力产业可以与其他行业如大数据、人工智能、物联网等形成互补，共同推动新质生产力的全面提升。这种跨界融合不仅能带来技术创新，还能拓展市场空间，促进产业升级，最终实现社会经济的高质量发展。

例如，我国已推出多项政策来促进算力产业链发展。例如，2020 年 12 月，国家发展和改革委员会等四部门发布了《关于加快构建全国一体化大数据中心协同创新体系的指导意见》，旨在推动数据中心建设和算力资源共享。此外，2021年工业和信息化部等八部门联合发布了《物联网新型基础设施建设三年行动计划（2021—2023）》，其中明确提出了算力基础设施建设的目标。

在具体的企业合作方面，阿里巴巴与华为在云计算和数据中心领域展开了深度合作。阿里巴巴利用华为的服务器和存储设备，共同打造了高性能的云计算平台，为各类企业和开发者提供强大的算力支持。此外，腾讯与英特尔合作，共同研发了针对游戏和 AI 应用的高性能计算解决方案，推动了游戏产业和人工智能技术的快速发展。

算力产业与医疗行业的结合带来了新的突破。例如，IBM 的 Watson Health 平台利用强大的算力和人工智能技术，为医生提供辅助诊断和个性化治疗方案，极大地提高了医疗服务的效率和准确性。

通过这些具体的现实例子，我们可以看到，加强算力产业链上下游企业的协同合作，不仅能够推动算力产业本身发展，还能与其他产业深度融合，共同推动新质生产力的全面提升。

— 第三节 —
算力赋能新质生产力

算力作为新质生产力的关键要素，对经济社会发展具有重要影响。算力要转化为新质生产力，需要与数据、算法等新型生产要素深度融合，形成多模态的应用场景解决方案，只有这样才能真正释放出产业动能。算力为数据、算法等新生产要素赋能，算力正以前所未有的广度和深度向社会各领域渗透融合，由此对经济运行规律、社会资源配置方式乃至国家治理理念等带来深远影响。

一、算力为新质生产力提供强大的技术基础

算力作为新时代的新型生产力，不仅为各行各业的发展注入了新的活力，而且为创新技术的应用提供了坚实的技术支撑。随着人工智能、大数据、云计算等前沿科技的快速发展，算力的重要性日益凸显，它已经成为推动社会进步和经济增长的关键因素之一。

特别是在数字化、智能化的时代，数据成为关键的生产要素，而算力则是处理和分析数据的关键能力。只有具备强大的算力，才能充分挖掘数据的价值，推动科技创新和产业升级。例如，人工智能、大数据、物联网等新兴技术的发展都离不开强大的算力支持。人工智能算法需要大量的计算资源进行训练和优化，大数据分析需要高效的计算能力处理海量数据，物联网的实现也需要强大的算力保障数据的传输和处理。

算力的重要性在各个领域愈发显著，它不仅为各行各业的发展注入了新的活力，而且为创新技术的应用提供了坚实

的技术支撑。下面，将从几个方面详细论述算力的重要性，并结合现实例子进行说明。

1. 算力在工业生产中的应用

在当今的工业生产领域，算力的应用已经成为推动生产过程智能化和自动化的重要力量。通过利用强大的计算能力，生产过程变得更高效、精准，显著提升了生产效率和产品质量。与此同时，算力的应用有效降低了生产成本，使得企业在激烈的市场竞争中更具优势。

以现代汽车制造业为例，计算机辅助设计和计算机辅助制造技术的广泛应用，充分展示了算力在生产中的巨大作用。这些技术依赖强大的算力来完成复杂的设计和制造过程，使得汽车制造商能够快速设计出新车型，并通过模拟测试优化车辆性能。这样一来，制造商可以在实际制造之前发现潜在的问题，从而减少实际生产中的错误和返工，大大提高生产效率和产品质量。

此外，算力的应用还使得生产线上的机器人和自动化设备能够更加智能地执行任务，减少了人为操作的错误和不确定性。通过数据实时分析和机器学习算法，生产线可以根据实时数据进行自我调整，以适应不同的生产需求和条件。这种灵活性和自适应能力，使得生产过程更加高效、稳定，进一步提升了生产效率和产品质量。

在工业生产领域，算力的应用已成为推动生产智能化和自动化的重要驱动力。通过算力支持，生产过程变得更加高效、精准，显著提高了生产效率和产品质量，同时有效降低了生产成本。这不仅为制造商带来了巨大的经济效益，也为消费者提供了更高品质的产品。

特斯拉公司在汽车生产中广泛使用了自动化机器人和先进的计算系统。其工厂的机器人通过高速计算来精确控制每一个生产步骤，确保了生产效率和产品质量。此外，特斯拉还利用大数据和机器学习算法优化其供应链管理，进一步降低了成本并提高了生产灵活性。

2. 算力在科学研究中的应用

在科学研究的各个领域，强大的计算能力均发挥着至关重要的作用。它不仅支持了复杂模拟和计算任务的顺利进行，还显著加快了新理论、新材料和新药物的发现与开发速度。以高能物理研究为例，大型强子对撞机（LHC）产生的大量数据需要借助强大的计算集群进行分析，以便科学家能够发现新的粒子并深入理解基本物理过程。

例如，LHC每秒钟产生的数据量高达数百万兆字节，这些数据必须经过筛选、分类和分析，才能转化为有意义的物理信息。这需要庞大的计算网络，即全球范围内的网格计算系统，它将分布在世界各地的计算机连接起来，共同处理这些数据。如果没有这种强大的计算能力，科学家将无法处理如此庞大的数据量，许多重要的物理发现也将无法实现。

在材料科学领域，算力同样至关重要。通过高性能计算机进行复杂的量子力学模拟，研究人员可以预测新材料的性质，从而在实验室合成之前就能了解其潜在应用。这种计算模拟不仅可以节省时间和资源，还能加速新材料的开发周期，使得从理论到实际应用的转化更加迅速。

在药物研发领域，算力同样扮演着关键角色。通过分子动力学模拟和量子化学计算，研究人员可以预测药物分子与生物靶标的相互作用，从而设计出更有效的药物。这种计算方法可以显著减少实验室中的试错过程，加快新药的开发速度，并降低研发成本。

此外，计算能力在天文学、气候科学、生物信息学等多个领域都发挥着不可替代的作用。例如，在天文学中，通过模拟星系的形成和演化，科学家可以更好地理解宇宙的历史和结构。在气候科学中，复杂的气候模型需要大量的计算资源预测气候变化趋势。在生物信息学中，基因组数据分析和蛋白质结构预测等任务都需要强大的计算支持。

总之，强大的算力是现代科学研究不可或缺的工具。它不仅提高了研究效率，还推动了科学前沿不断拓展。随着计算技术的不断进步，可以期待未来科学家能够解决更复杂的问题，推动人类知识的边界不断向前。

3. 算力在服务业中的应用

在当今社会，服务业已经成为推动经济增长的重要力量，尤其是在金融、医疗、教育等领域。算力的应用正在以前所未有的方式改变着服务业的运作模式。算力是信息技术的核心资源之一，通过强大的数据处理和分析能力，极大地提升了服务效率和质量，为用户提供了更加个性化和精准的服务体验。

在金融领域，算力的应用尤为显著。高频交易就是一个典型例子，它依赖于毫秒级甚至更短时间内的计算速度来捕捉市场机会。通过高速的计算能力，金融机构能够实时分析市场数据，预测价格波动，从而在极短的时间内做出交易决策，获取利润。此外，算力还被用于风险管理和欺诈检测，通过分析历史数据和实时交易数据，金融机构可以更有效地识别潜在的风险和欺诈行为，保护客户的资产安全。

在医疗领域，算力的应用同样具有革命性意义。通过分析大量医疗影像数据，算力可以帮助医生更准确地诊断疾病。例如，人工智能算法结合算力可以快速处理和分析 CT、MRI 等影像数据，识别出微小的病变，甚至在早期阶段就能发现癌症等重大疾病。这不仅提高了诊断的准确性，还大大缩短了诊断时间，为患者赢得了宝贵的治疗时间。此外，算力还可用于个性化医疗方案的制订，通过分析患者的基因数据、病史等信息，为患者提供最适合的治疗方案。

教育领域也受益于算力的提升。通过大数据分析和人工智能技术，教育机构可以为学生提供更加个性化的学习体验。例如，算力可以帮助分析学生的学习习惯、成绩数据等，从而为每个学生制订个性化的学习计划，提高学习效率。同时，算力还可用于在线教育平台，通过实时互动和数据分析，为学生提供互动的学习体验。

总之，算力的应用正在深刻地改变着服务业的各个方面，它不仅提升了服务效率和质量，还为用户提供了更加个性化和精准的服务体验。随着技术的不断进步，算力在服务业中的应用将会更加广泛和深入，为社会带来更多创新和变革。

4. 算力促进新兴技术的融合与创新

算力的不断进步和提升，不仅推动了自身技术的快速发展，还进一步促进了新兴技术之间的融合与创新。这些新兴技术包括物联网和边缘计算等，它们的结合为各行各业带来了前所未有的机遇和变革。通过物联网设备，我们可以实时收集各种数据，这些数据在边缘计算节点上进行初步处理，大大减少了对中心云的依赖。这种分布式计算模式不仅提高了数据处理的响应速度，还增强了数据的安全性和隐私保护。

例如，在智能家居领域，物联网设备可以实时监测家庭环境的各种参数，如温度、湿度、空气质量等，并将这些数据传输到边缘计算节点。边缘计算节点可以对这些数据进行实时分析和处理，根据分析结果自动调节家庭中的智能设备，从而便捷地为用户提供更加舒适的生活环境。这种模式不仅提高了用户体验，还降低了对中心云的依赖，减少了数据传输的延迟和潜在的安全风险。

在工业领域，物联网设备和边缘计算的结合同样具有巨大的潜力。通过在工厂现场部署物联网传感器，我们可以实时监测设备的运行状态和生产环境的各种参数。这些数据在边缘计算节点上被初步处理和分析，可以让工程人员及时发现设备的异常情况，预测设备的维护需求，从而实现预防性维护，减少设备故障和生产中断的风险。此外，边缘计算还可以在数据处理过程中实现数据的本地化存储和分析，进一步提高数据的安全性和隐私保护。

可以说，算力的发展不仅推动了自身技术的进步，还促进了物联网、边缘计算等新兴技术的融合与创新。这些技术的结合不仅拓宽了算力的应用场景，还为各行各业带来了新的商业模式和增长点，推动了整个社会的数字化转型和智能化升级。

在智慧城市项目中，通过部署大量传感器和摄像头收集城市运行数据，利用边缘计算技术在本地进行数据处理和分析，我们可以实时监控交通流量、空气质量等关键指标。这不仅提高了城市管理效率，还为居民提供了更加便捷和安全的生活环境。

综上所述，算力作为新时代的新型生产力，其重要性不言而喻。它不仅推动了工业生产的智能化和自动化，加速了科学研究的进程，提升了服务业的效率和质量，还促进了新兴技术的融合与创新。随着技术的不断进步和应用的不断深化，算力将继续在推动社会经济发展中扮演至关重要的角色。

二、算力推动新质生产力创新发展

在数字化转型的浪潮中，算力的提升不仅加速了信息的处理速度，如算力硬件基础设施 AI 服务器专为人工智能训练和推理应用而设计，算力需求快速增长有望推动 AI 服务器市场加速成长。AI 算力芯片是 AI 服务器算力的基石，美国超威半导体公司预计 2027 年用于数据中心的 AI 芯片市场的规模将增长到 4000 亿美元，2023—2027 年复合增速将超过 70%。国产 AI 算力芯片厂商也迎来黄金发展期。不仅如此，算力还极大地提高了生产效率和决策的智能化水平。

比如，在制造业中，算力的应用使得生产线的自动化程度大幅提升，机器学习算法能够实时监控生产过程，预测设备维护需求，减少停机时间。在农业领域，精准农业依托算力对土壤、气候等数据进行分析，优化种植方案，提高作物产量。在服务业，算力支撑下的智能客服系统能够 24 小时不间断地为客户提供服务，同时通过数据分析不断优化服务流程。

以上例子表明，算力不仅推动了传统行业的转型升级，也为新兴产业的孕育提供了肥沃的土壤。随着算力技术的不断进步，其在新质生产力中的作用将日益凸显，成为推动社会进步和经济发展的重要力量。

算力的广泛应用使得各行各业能够更好地适应市场变化，快速响应客户需求，从而在激烈的市场竞争中占据有利地位。

此外，算力的发展还促进了跨行业合作，通过数据共享和分析，不同领域的专家可以合作解决复杂问题，推动了跨学科研究和创新。随着算力技术的不断进步，未来将有更多前所未有的应用场景被开发出来，为社会带来更深远的影响。

算力的不断提升为新质生产力的创新提供了广阔的空间。通过强大的算力，人们可以进行更加复杂的模拟和实验，探索新的科学理论和技术应用。同时，算力也促进了不同领域的融合创新，推动了产业的转型升级。例如，算力与制造业的融合催生了智能制造，算力与医疗行业的融合推动了智慧医疗的发展，算力与交通领域的融合实现了智能交通的变革。

在数字化转型的浪潮中，算力的提升不仅加快了信息的处理速度，还显著提高了数据处理的准确性和效率。算力的增强使得复杂的数据分析和模型训练成为可能，为各行各业提供了前所未有的洞察力和决策支持。例如，在金融领域，算力的提升使得风险评估和市场预测更加精准；在医疗领域，算力的增强有助于疾病的早期诊断和个性化治疗方案的制订。此外，算力的发展还促进了云计算、边缘计算等新型计算模式的兴起，这些模式不仅优化了资源的分配和使用，还为用户提供了更加灵活和高效的服务。随着算力的不断进步，有理由相信，它将继续引领新质生产力创新和发展，为社会带来更深远的影响。

在这一过程中，算力如同一股无形的力量，悄然改变着我们的工作方式和生活习惯。在教育领域，算力的提升使得个性化学习成为现实，每个学生都可以根据自己的学习进度和兴趣获得定制化的教育资源。在交通领域，算力的应用让智能交通系统更加高效，减少了交通拥堵，提高了出行的安全性和舒适度。在农业领域，算力的增强使得精准农业成为可能，通过分析土壤、气候等数据，为农作物的种植提供科学指导，从而提高产量和质量。

算力的提升不仅是技术层面的进步，还推动了社会结构和经济模式的变革。随着算力的普及和应用，新的商业模式不断涌现，为经济增长注入了新的活力。同时，算力的发展也对社会公平和教育均衡提出了新的挑战，如何确保每个人都能公平地享受到算力带来的红利，成为我们必须面对的问题。因此，加强算力建设，推动新质生产力发展的策略，不仅需要技术上的突破，还需要政策上的支持和社会各界的共同努力。

第三章

算力的魅力与需求

CHAPTER 3

在浩瀚的数字海洋，算力如同星辰般璀璨，照亮了人类前行的道路。随着科技的日新月异，我们正步入前所未有的数字时代，算力作为新时代的核心驱动力，正以惊人的速度改变着世界。本章将深入探讨算力的魅力与需求，从数字时代的发展趋势、国家安全的现实需要以及制造转型的强劲动力三个方面进行阐述。

— 第一节 —

数字时代的发展趋势

一、算力——数字时代的基石

在数字化飞速发展的时代，算力已经成为支撑各种技术应用的基石。无论是进行简单的数据处理任务，还是运行复杂的人工智能算法，无论是日常生活中使用的手机应用，还是庞大的云计算平台，所有这一切的背后都离不开算力的支持。

算力的发展水平不仅决定了数字技术在各个领域的应用深度和广度，还对整个社会经济的发展速度产生了深远的影响。随着技术不断进步，算力需求也在不断增长，这使算力成为备受关注的焦点。无论是科技公司还是研究机构，都在不断努力提升算力性能，以期在未来的科技竞争中占据有利地位。

在数字化浪潮中，算力的重要性愈发凸显。算力不仅为各种高科技应用提供了强大动力，还为科学研究和技术创新提供了坚实基础。在生物信息学领域，算力使得基因测序和蛋白质结构分析变得更加高效；在气候科学领域，算力帮助科学家模拟和预测气候变化，从而更好地应对环境挑战。此外，算力还在金融、医疗、交通等多个行业中发挥着至关重要的作用，推动着行业的数字化转型和智能化升级。

随着物联网、大数据、5G通信等新兴技术的快速发展，算力的需求呈现出爆炸性增长的趋势。为了满足这一需求，全球各地的研究人员和工程师正努力探索新的计算架构和算法，以提高算力的效率和性能。量子计算、边缘计算等前沿技术的出现，更为算力的发展带来了新的可能性。这些技术有望在未来彻底改变我们对算力的理解和应用，为人类社会带来更加智能和便捷的生活方式。

二、算力推动技术进步与产业升级

随着大数据、云计算、人工智能等前沿技术的迅猛发展，算力需求呈现出前所未有的爆发式增长态势。这些先进技术的背后，离不开强大算力作为坚实支撑。以人工智能领域为例，深度学习模型的训练过程需要消耗大量的计算资源，而算力的提升则能够显著缩短训练时间，并提高模型的精度和性能，极大地推动人工智能技术的快速发展和应用。

与此同时，算力为各行各业的产业升级提供了有力的支持。在智能制造、智慧城市、数字医疗等众多领域，算力技术的应用使得生产效率大幅提升，服务质量显著改善，为人们带来了更加便捷、高效的生活体验。

在智慧城市领域，算力技术使得城市基础设施的管理更加智能化，交通、安防、公共服务等各个方面都得到了显著优化。以杭州为例，该市通过建设智慧城市管理系统，利用算力技术对城市交通进行实时监控和调度。通过分析大量的交通数据，杭州能够预测交通流量，优化信号灯控制，减少交通拥堵。此外，算力技术还被应用于城市安防系统，安防部门可通过视频监控和数据分析，及时发现并处理安全隐患，提高城市居民的安全感。

在数字医疗领域，算力的应用使得远程医疗、智能诊断等服务成为可能，极大地提高了医疗服务的可及性和效率。以美国的梅奥诊所为例，该机构利用强大的算力平台，开发了多种智能诊断工具。通过分析患者的医疗影像和病历数据，这些工具能够辅助医生进行更准确的诊断，甚至在某些情况下能够发现医生肉眼难以察觉的细微病变。此外，算力技术还使远程医疗服务成为现实，患者可以通过视频连线与医生进行远程咨询，减少了就医的时间和成本。

总之，算力的快速发展不仅推动了技术进步，也为社会各个领域带来了深远影响。从智能制造到智慧城市，再到数字医疗，算力技术的应用正不断拓展，为各行各业带来革命性变革。随着技术的不断进步，算力的潜力将会进一步释放，为人类社会的发展注入新的动力。

三、算力成为国家竞争力的重要体现

在全球化的今天，算力已成为衡量一个国家竞争力的关键指标之一。各国政府和企业都意识到这一点，纷纷加大了对算力技术的投入和研发力度，以期在数字经济的激烈竞争中占据有利地位。通过大规模建设高性能计算中心、数据中心以及其他相关基础设施，各国努力提升自身的算力水平，以期在未来的科技竞赛中占据优势。

算力的提升不仅是为了满足科技创新的需求，更是为了推动产业升级和经济转型。强大的算力能够为各行各业提供强大的数据处理和分析能力，从而促进新技术、新产品的研发和应用。这不仅能够提高生产效率，降低成本，还能够推动传统产业的数字化、智能化改造，从而实现经济结构的优化和升级。

此外，算力的提升还能够为国家经济的持续健康发展提供强有力的支撑。通过高效的算力支持，政府和企业能够更好地进行宏观经济调控、市场预测和风险管理，从而有效应对各种经济风险和挑战。同时，算力的提升还能够促进新兴产业的发展，为经济增长注入新的动力。

总之，在全球化的背景下，算力已经成为国家竞争力的重要体现。各国纷纷加大对算力技术的投入和研发力度，通过建设高性能计算中心、数据中心等基础设施，提升国家算力水平，不仅能够为科技创新提供有力支持，还能够促进产业升级和经济转型，推动国家经济持续健康发展。

— 第二节 —

国家安全的现实需要

一、算力在国家安全中的重要作用

在当今信息化时代，国家安全正面临着前所未有的复杂挑战。网络攻击、信息泄露以及其他各种安全事件频发，这些事件对国家安全构成了严重的威胁。例如，2017 年全球爆发的"WannaCry"勒索软件攻击，影响了 150 多个国家和地区的数万台计算机，给各国政府和企业造成了巨大的经济损失和数据安全风险。此外，2020 年美国政府机构遭受 SolarWinds 网络攻击事件，黑客通过植入恶意代码，成功渗透了多个关键部门的网络系统，窃取了大量敏感信息。

在这样的背景下，算力作为一种重要的信息安全保障工具，其战略地位变得越来越重要。强大的算力不仅能够及时发现并有效抵御各种网络攻击，确保国家关键信息基础设施的安全和稳定运行，还能够为情报分析、战略决策等方面提供强有力的支持。如美国国家安全局利用其强大的计算资源，对海量数据进行实时分析，以识别和预防潜在的网络威胁。同样，中国国家超级计算天津中心通过高性能计算平台，支持了国家重大科研项目和关键领域的发展，提升了国家在科技领域的竞争力和安全防护能力。

算力的支撑可以大幅提升国家安全的整体防范能力和应对能力，从而更好地保障国家的安全和稳定。例如，俄罗斯在 2018 年世界杯期间部署了大规模网络监控和防御系统，利用算力强大的计算机集群，实时监控网络流量，成功拦截了数千次网络攻击和恶意活动，确保了赛事的顺利进行。又如，以色列国家安全局利用先进的计算技术，对恐怖组织的通信进行实时监控和分析，有效预防了多次潜在的恐怖袭击，保护了国家安全和人民的生命财产安全。

二、算力在军事领域的应用

在军事领域，算力同样具有举足轻重的地位。现代战争已不再是单纯的火力对抗，而是信息战、网络战、电子战等多维一体的综合较量。算力作为信息化战争的核心要素之一，其发展水平直接影响战争胜负。通过建设先进的军事计算系统，提升军队的信息处理能力和指挥控制能力，能够确保军队在复杂多变的战场环境中保持战略优势。

美国的"宙斯盾"作战系统就是一个典型的例子。该系统利用强大的计算能力，实时处理来自雷达、卫星和其他传感器的数据，快速做出决策并指挥舰载武器拦截来袭的导弹。这种高度自动化和智能化的作战系统大大提高了美国海军的防御效率。

另一个例子是中国的"北斗"卫星导航系统。该系统不仅为军事行动提供了精确的定位、导航和时间服务，还能够支持通信、指挥和控制等多种军事功能。在 2019 年，北斗系统成功应用于国庆 70 周年阅兵式，确保了阅兵式中各种武器装备的精确调度。

这些例子表明，算力在现代军事中的作用已不可或缺。无论是防御系统、导航系统还是指挥控制系统，强大的计算能力都是确保军队在信息化战争中取得胜利的关键因素。

三、算力在维护社会稳定中的作用

除了确保国家安全之外，算力在维护社会稳定方面扮演着至关重要的角色。通过运用大数据、人工智能以及其他先进技术手段，对社交媒体、网络舆情等进行实时监测和深入分析，能够及时发现并应对潜在的社会风险和挑战。2021 年，印度尼西亚政府借助大数据分析技术，成功预测并缓解了社会动荡，有效避免了大规模的暴力事件。通过人工智能技术对网络舆情进行实时监控，政府能够迅速识别并处理虚假信息和谣言，从而维护社会秩序和稳定。

此外，算力还能够为城市管理、公共服务等多个领域提供智能化支持，显著提升社会治理水平，促进社会和谐与稳定。例如，北京市利用大数据和人工智能技术，开发了智能交通系统，通过实时分析交通流量和道路状况，优化交通信号灯的控制，有效缓解了城市交通拥堵问题，提高了市民的出行效率。

— 第三节 —

制造转型的强劲动力

一、算力推动制造业智能化升级

随着智能制造的快速发展，算力已成为推动制造业转型升级的重要力量。通过引入先进的算力技术，制造业能够实现生产过程的自动化、智能化和数字化。例如，利用物联网技术采集生产数据，通过云计算平台分析处理，能够实现对生产过程的实时监控和优化调整；利用人工智能技术优化生产流程、预测设备故障等，能够显著提升生产效率和产品质量。此外，算力还能够为制造业提供定制化、个性化的生产服务，满足市场多元化、个性化的需求。

1. 生产过程的自动化、智能化和数字化

随着算力技术的进步，制造业的生产过程正经历深刻变革。自动化、智能化和数字化成为现代制造业的显著特征。

现实例子 通用电气公司是全球领先的多元化工业公司，其在制造业的数字化转型方面做出了显著努力。通用电气公司通过引入先进的工业互联网平台，如 Predix，将生产过程中的大量数据进行实时采集和分析。Predix 平台利用强大的算力，对设备运行数据进行实时监控，通过算法优化设备运行效率，预测维护需求，从而减少停机时间，提高生产效率。通用电气公司的这一转型不仅提升了自身的生产效率，也为整个制造业的数字化转型树立了标杆。

2. 实时监控和优化调整

算力技术使得生产过程的实时监控和优化调整成为可能。利用物联网技术采集生产数据，结合云计算平台的分析处理

能力，企业可以对生产过程进行实时监控，并根据分析结果
进行优化调整。

现实例子 西门子是全球知名的电子和工业制造公司，
其在德国的 Amberg 工厂是典型的智能工厂案例。该工厂利用
物联网技术采集生产线上的数据，并通过云计算平台进行实
时分析。算力强大的云计算平台能够快速处理大量数据，实
时监控生产线的状态，并根据分析结果自动调整生产参数，
优化生产流程。这种实时监控和优化调整显著提升了生产效
率和产品质量，同时降低了生产成本。

3. 生产流程优化和设备故障预测

人工智能技术在制造业中的应用，使得生产流程的优化
和设备故障的预测成为现实。通过机器学习算法，制造业企
业可以对生产过程中的数据进行分析，发现潜在的效率瓶颈
和故障风险，从而提前进行优化和维护。

现实例子 京东方（BOE）2023 年在合肥第 10.5 代液晶
面板工厂部署"AI 智造中枢"，通过华为 Atlas 900 算力集群
实现生产全流程优化。系统实时分析超过 10 万个传感器数据
（包括玻璃基板温度、曝光能量、蚀刻液浓度等），运用深度
强化学习算法动态调整工艺参数，使 65 英寸（1 英寸 =2.54
厘米）面板生产节拍缩短至 38 秒（行业平均 45 秒），良品
率从 92% 提升至 99.5%。其自研的"鹰眼"预测性维护系统，
通过振动频谱分析提前 72 小时预警曝光机导轨磨损故障，维

护响应时间压缩至 1.2 小时，较传统计划性维护减少设备停机损失超 2.4 亿元 / 年。2024 年该系统获工业和信息化部"智能制造标杆"认证，并向半导体显示产业链输出解决方案，帮助 30 余家配套企业平均产能提升 27%。

4. 定制化和个性化生产服务

算力技术还使得制造业能够提供更加定制化和个性化的生产服务。通过大数据分析和人工智能技术，制造商能够更好地理解市场需求，为客户提供更加个性化的解决方案。

综上所述，算力技术在推动制造业转型升级方面发挥着至关重要的作用。通过实现生产过程的自动化、智能化和数字化，实时监控和优化调整，生产流程优化和设备故障预测，以及提供定制化和个性化生产服务，算力技术正在深刻改变制造业的面貌，提升其竞争力和效率。

二、算力促进制造业与服务业融合发展

在数字经济时代，制造业与服务业的融合发展已成为必然趋势。算力作为连接两者的桥梁和纽带，其赋能作用日益凸显。通过构建基于算力的服务平台和生态系统，能够实现制造业与服务业的深度融合和协同发展。例如，通过云计算平台提供远程设计、智能制造等服务，能够打破地域限制和时间限制，实现设计、生产、销售等环节的紧密连接；通过

大数据分析客户需求和市场趋势，能够为制造业提供更加精准的市场定位和产品定位。这些都有助于推动制造业向高端化、智能化、服务化方向转型升级。

1. 算力赋能制造业与服务业的融合

算力不仅为制造业提供了强大的数据处理和分析能力，还为服务业提供了高效的信息服务和解决方案。算力的提升使得制造业能够通过智能化手段提高生产效率和产品质量，同时服务业能够通过数据分析和云计算等技术提供更加个性化和精准的服务。

2. 构建基于算力的服务平台和生态系统

构建基于算力的服务平台和生态系统是实现制造业与服务业融合的关键。这些平台能够整合各类资源，提供从设计、生产到销售的全流程服务，同时通过数据分析和智能算法提高各环节效率。

3. 利用大数据和云计算优化制造业与服务业的协同

大数据和云计算技术的应用使得制造业与服务业更紧密地协同工作。通过大数据分析，企业能够更准确了解市场需求和客户偏好，从而做出更科学的决策。云计算则提供了灵活的计算资源，使得企业能够根据需求快速调整生产和服务。

现实例子 中国航天科工集团旗下航天云网（INDICS）

工业互联网平台，通过大数据与云计算技术实现制造业与服务业的深度协同。2023年，该平台连接全国32万家制造企业及5600家服务商，日均处理生产数据超80PB。以陕西某机床厂为例，平台通过分析其设备运行数据及下游2.3万家企业需求，智能匹配广东某智能运维服务商，实现机床预测性维护服务响应时间从72小时缩短至4小时，设备利用率提升至89%。

4. 推动制造业向高端化、智能化、服务化方向转型升级

算力的赋能作用不仅限于提高生产效率和优化服务流程，更重要的是推动制造业向高端化、智能化、服务化方向转型升级。通过算力支撑，制造业企业能够开发出更智能化的产品和服务，提升产品的附加值，同时通过提供综合解决方案，实现从传统制造向服务型制造的转变。

现实例子 荷兰的皇家飞利浦电子公司通过引入先进的算力技术，将其业务从传统的家电制造扩展到提供健康科技解决方案。飞利浦的HealthSuite平台就是一个基于算力的生态系统，它能够收集和分析患者的健康数据，提供个性化的健康管理服务。这种模式不仅提升了飞利浦产品的附加值，还使其成功转型为一家服务型制造企业。

综上所述，在数字经济时代，算力的赋能作用对于制造业与服务业的融合发展至关重要。通过构建基于算力的服务平台和生态系统，企业能够实现全流程的优化和服务的个性

化，推动制造业向高端化、智能化、服务化方向转型升级。以上例子展示了算力在实际应用中的巨大潜力和价值，为其他企业提供了宝贵经验和借鉴。

三、算力为制造业绿色可持续发展提供支持

在全球气候变化和资源环境约束日益加剧的背景下，制造业的绿色可持续发展已成为重要议题。算力作为推动绿色制造的重要工具之一，其作用不可忽视。通过运用先进的算力技术优化生产流程、提高资源利用率、降低能耗和排放等，能够实现制造业的绿色可持续发展。以下将从几个具体方面详细论述算力在推动绿色制造中的作用，并结合具体现实例子进行说明。

1. 优化生产流程与提高资源利用率

算力技术，尤其是人工智能和机器学习算法，可以对生产过程进行实时监控和分析，从而优化生产流程，减少资源浪费。通过智能调度和优化控制，生产过程中的能源消耗和原材料使用可以达到最优状态。

现实例子 海尔集团 2023 年在青岛洗衣机互联工厂部署"智造超脑"系统，通过华为昇腾 AI 算力集群（算力达 560PFLOPS）实现全流程智能优化。系统实时分析 2.7 万个传感器数据（包括扭矩、水温、能耗等 128 类参数），结合数字

孪生技术，将生产线换型时间从 45 分钟压缩至 9 秒。其自研的"织物 AI"视觉检测模块，通过每秒处理 1200 张高清图像，使洗衣机内筒焊接缺陷检出率从 92% 提升至 99.9996%，年减少不锈钢材料浪费超 800 吨。在能耗优化方面，AI 动态调节空压机群组运行状态，使单台洗衣机生产能耗降至 1.8 千瓦时（行业平均 2.5 千瓦时），年节电相当于 1.2 万户家庭用电量。

2. 降低能耗和排放

通过算力技术，企业可以对生产过程中的能耗进行精确监控，并通过算法优化减少不必要的能源使用。算力还可以帮助实现生产过程的自动化和智能化，减少人为错误和不必要的操作，进一步降低能耗和排放。

现实例子 海尔集团在其冰箱生产线中引入了智能机器人和自动化设备。通过算力驱动的智能系统，海尔能够精确控制生产过程中的能耗，减少不必要的能源浪费。据海尔集团统计，引入智能系统后，其冰箱生产线的能耗降低了 30%以上，同时生产效率提升了 40%。

3. 智能化供应链管理

算力技术还可以对供应链进行智能化管理，通过大数据分析优化库存管理、减少物流成本和提高资源的循环利用率。通过预测市场需求和优化物流路径，可以减少运输过程中的能耗和排放。

现实例子 沃尔玛是全球最大的零售商之一，它利用大数据和人工智能技术优化其供应链管理。通过分析历史销售数据和市场趋势，沃尔玛能够更准确地预测产品需求，从而减少库存积压和浪费。此外，沃尔玛还通过优化物流路径和提高运输效率，减少了运输过程中的能耗和排放。据沃尔玛统计，通过这些措施，其整体物流成本降低了10%，并减少了大量的碳排放。

4. 产品设计与生命周期管理

算力技术还可以在产品设计阶段发挥作用，通过模拟和仿真技术优化产品设计，提高产品的能效和环保性能。此外，算力还可以帮助实现产品的全生命周期管理，延长产品的使用寿命，促进资源的循环利用。

现实例子 宁德时代2023年推出全球首个"算力驱动"动力电池全生命周期管理平台，通过超算中心（算力达2.3EFLOPS）实现电池设计—制造—回收全链条优化。其自研的"麒麟Pro"电池设计系统，运用量子化学仿真技术，在虚拟空间模拟超2000种电解液配方，将固态电池能量密度提升至500瓦时/千克的研发周期从5年缩短至16个月。在福建宁德灯塔工厂，数字孪生系统实时比对1.7万个工艺参数，使每吉瓦时（100万度电）产能能耗降低至0.55万吨标煤（行业平均0.8万吨）。2024年部署的电池健康云平台，通过车载 BMS 上传的 2000+ 维度数据，精准预测电池剩余寿命（误差 <2%），指导梯次利用。截至 2024 年 6 月，该系统已管理超 400 万块电池，使退役电池材料回收率从 91% 提升至 99.3%，镍钴锰综合回收成本下降 47%。

由此可见，算力作为数字时代的核心驱动力之一，其魅力与需求在数字时代的发展趋势、国家安全的现实需要以及制造转型的强劲动力中得到了充分展现。未来，随着科技的不断进步和应用场景的不断拓展，算力将继续在各个领域发挥重要作用，推动社会经济持续发展。

第四章

算力争霸背后的底层逻辑

CHAPTER 4

在数字时代，算力已成为一种新的权力资源，它不仅影响着科技发展，还深刻影响着社会结构和治理模式。算力的争夺，实际上是对未来话语权和控制权的争夺。本章将深入探讨算力与正义、意识形态以及治理之间的关系，揭示算力争霸背后的底层逻辑。

— 第一节 —

算力与正义：效率权衡与逻辑漏洞

算力的提升，理论上可以带来更高的效率和更精准的决策。例如，在司法领域，通过大数据分析和人工智能算法，可以预测犯罪趋势，辅助法官做出更公正的判决。然而，算力的使用并非总与正义一致。以美国的COMPAS（Correctional Offender Management Profiling for Alternative Sanctions）系统为例，该系统被用来评估罪犯的再犯风险，但研究发现，该系统对黑人被告的评估结果往往比白人被告更为不利，这揭示了算法可能存在的偏见和逻辑漏洞。

一、司法领域的算力应用

在司法领域，随着算力的显著提升，大数据分析和人工智能算法得到了广泛应用。这些技术的普及使得预测犯罪趋势、辅助法官做出判决以及评估罪犯的再犯风险成为可能。例如，在美国，COMPAS 系统被广泛应用于刑事司法系统中，旨在评估罪犯的再犯风险。

COMPAS 系统通过一系列精心设计的问题来评估被告的背景、行为和心理状态。这些问题涵盖了被告的个人历史、家庭状况、教育背景以及以往的犯罪记录等多个方面。通过分析罪犯关于以上问题的回答，系统可利用先进的算法来预测被告未来的行为。理论上，这种系统可以显著提高司法效率，帮助法官在判决过程中做出更加公正客观的决定。

然而，现实情况并非如此简单。研究和调查发现，COMPAS 系统在评估过程中可能存在系统性的偏见。例如，美国为了公众公司（ProPublica）在 2016 年的一项调查中指出，COMPAS 系统在预测黑人被告再犯风险时，错误率显著高于白人被告。这意味着，尽管算法旨在提供客观评估，但实际上可能存在着对某些群体的不公正对待。这种偏见可能导致对黑人被告的评估结果比白人被告更为不利，从而引发对算法公正性和透明度的质疑。

这一问题引发了广泛的讨论和关注，许多专家呼吁对这些算法进行更加严格的审查和改进。专家们认为，只有确保算法的公正性和透明度，其才能真正发挥大数据分析和人工智能在司法领域的潜力，避免对特定群体的不公正对待。因此，如何在司法领域中合理利用这些先进技术，同时确保其公平性和准确性，成为当前亟待解决的重要课题。

二、医疗领域的算力应用

在医疗领域，算力应用正变得越来越普遍，但同时也面临效率与正义之间的权衡问题。尽管算力在技术上具有巨大潜力，但它在实际应用中也暴露出一些问题。一个主要的问题是算法训练数据的局限性。由于训练数据可能存在偏差，例如某些特定患者群体的病例数量较少，这会导致算法在处理这些群体的病例时，其准确性和可靠性受到显著影响。

这种局限性不仅影响了治疗的效率，还可能对某些患者群体的健康权益造成损害。因为如果算法无法为所有患者提供同等水平的建议，那么那些被算法忽视的患者群体可能会获得次优的治疗方案，从而影响他们的治疗效果和生活质量。因此，在推广和应用这类基于算力的医疗系统时，我们必须充分考虑到数据的多样性和代表性，以确保所有患者都能获得公平和高质量的医疗服务。只有这样，我们才能在提高医疗效率的同时，保障医疗正义的实现。

三、算力应用中的逻辑漏洞

算力应用中的逻辑漏洞不仅体现在算法偏见上，还体现在算法的透明度和可解释性上。许多先进的算法，如深度学习模型，往往被视为"黑箱"，即使是开发者也难以解释其内部决策过程。这种缺乏透明度的特性使得算法的决策难以被质疑和审查，从而增加了错误决策的风险。

COMPAS 系统的争议就是一个典型的例子，展示了算力应用中的效率与正义权衡问题。2016 年，为了公众公司对 COMPAS 系统进行了深入调查，发现该系统在预测再犯风险时存在显著的种族偏见。

具体来说，为了公众公司分析了 COMPAS 系统在佛罗里达州和威斯康星州的使用情况。他们发现，COMPAS 系统将黑人被告评为高风险的比例远高于白人被告，即使在控制了其他变量（如犯罪历史、年龄等）后，这种差异依然存在。这意味着，黑人被告更有可能被错误地评估为高风险，从而面临更严厉的刑罚。

这一发现引发了广泛的争议和讨论。批评者指出，COMPAS 系统的设计和训练过程中可能没有充分考虑到种族因素，从而导致了算法的偏见。而支持者则认为，算法的偏见可能源于社会和司法系统本身的不公，而非算法本身的问题。

在实际应用中，我们必须警惕算力应用可能带来的负面影响。在司法和医疗等领域，算力的使用需要在效率与正义之间进行谨慎的权衡。同时，我们需要关注算法的透明度和可解释性，确保其决策过程能够被质疑和审查，从而避免对某些群体的不公正对待。

不过，通过不断改进算法设计、增加数据多样性、提高透明度和可解释性，我们有望在算力的提升与社会正义之间找到更好的平衡点。只有这样，算力才能真正成为推动社会进步的力量，而不是加剧不平等和偏见的工具。

— 第二节 —

算力与意识形态：价值观传播与扩散

算力的另一个重要方面是它在传播特定意识形态方面的作用。互联网和社交媒体平台的算力使得信息传播速度和广度前所未有，但这也意味着特定的价值观和观点可以迅速扩散，有时甚至造成"信息泡沫"和"回音室效应"。

以元宇宙（Meta，原名 Facebook）为例，该平台通过算法向用户推荐内容，这导致用户更频繁地接触到与自己观点一致的信息。这种算法设计强化了用户的既有信念，减少了不同观点的交流，从而可能加剧社会分裂。此外，算法还被用于政治宣传。

一、信息泡沫与回音室效应

"信息泡沫"这一概念描述了用户在互联网上被自己选择或被算法推荐的信息所包围，从而导致他们接触到的信息越来越单一化。这种现象在社交媒体上尤为明显，因为这些平台的算法通常会优先展示用户可能喜欢或同意的内容。回音室效应则是指在这样的环境中，用户不断听到与自己观点一致的声音，进一步强化了他们的既有信念。这种效应使得用户在社交媒体上形成了一种自我加强的信念体系，难以接触到不同的观点和信息。

如果一个用户经常点赞或评论关于政治的保守派内容，元宇宙的算法会认为该用户对这类内容感兴趣，从而在推送给他的新闻中更多地展示保守派观点。这不仅限制了用户接触不同观点的机会，还可能使他更加坚信自己的政治立场。

此外，信息泡沫和回音室效应还可能导致用户对现实世界的误解和偏见。由于用户在社交媒体上接触到的信息越来越单一化，他们可能会误以为自己的观点是普遍的，而忽视了其他不同的声音。这种现象在政治、社会和文化等多个领域都存在，使得社会的分歧和矛盾进一步加剧。因此，理解和应对信息泡沫和回音室效应，对于促进社会和谐具有重要意义。

二、政治宣传与选举干预

算力在政治宣传中的应用不仅局限于日常的信息传播，还可能被用于影响选举结果。通过大规模的数据分析和精准的算法推荐，政治团体或外国势力可以有效传播特定信息，以达到干预选举的目的。这种干预手段不仅限于国内政治团体，外国势力也可能利用算力进行干预，以实现其政治目的。

此外，算力还可以用于分析选民数据，预测选举结果。通过收集和分析大量的选民数据，政治团体可以了解选民的偏好和行为模式，从而制定更有针对性的宣传策略。这种数据驱动的宣传策略可以大大提高政治团体的宣传效果，从而影响选举结果。

然而，算力在政治宣传中的应用也引发了许多争议和担忧。许多人担心，这种应用可能会导致信息的不公平传播，影响选民的决策自由。此外，算力的滥用也可能导致虚假信息和谣言的传播，破坏选举的公正性和透明度。

因此，如何在利用算力进行政治宣传的同时，确保信息的公平传播和选举的公正性，成了亟待解决的问题。政府和社交媒体平台需要加强监管，制定相应的法律法规，以防止算力在政治宣传中的滥用。同时，选民也需要提高自身的媒介素养，学会辨别和质疑虚假信息，以确保自身的决策自由。

三、商业利益与信息操控

除了政治宣传，商业利益也是推动信息操控的重要因素。企业利用强大的算力分析用户数据，以此更精准地进行广告投放和市场推广。这种做法虽然在商业上取得了成功，但也引发了关于隐私和信息操控的担忧。

以谷歌为例，该公司的搜索引擎和广告系统利用复杂的算法来分析用户的搜索历史和浏览行为，从而提供个性化的广告。虽然这为用户提供了更相关的内容，但也意味着用户被限制在一个由算法构建的信息泡泡中。用户可能不会意识到他们所看到的信息是经过筛选和操控的，这不仅影响了他们的消费决策，还可能影响他们对世界的看法。

此外，一些企业还通过搜索引擎优化和内容营销策略来操控信息的可见度。通过这些手段，企业可以确保其产品或观点在搜索结果中占据有利位置，从而吸引更多潜在客户或支持者。这种操控不仅限于商业领域，也被用于政治和意识形态的传播。

总体而言，算力在传播特定意识形态方面的作用是双刃剑。虽然它极大地促进了信息的自由流通和个性化体验，但也带来了信息泡沫、回音室效应、政治宣传和商业操控等问题。这些问题不仅影响了社会的多元化和包容性，还可能对民主和公共利益产生威胁。因此，如何在享受算力带来便利的同时，有效应对这些挑战，是当前社会急需解决的重要课题。为实现这一目标，我们需要加强对数据隐私的保护，提高公众对信息操控的认识，并制定相应的法律法规来规范企业行为，以确保信息的自由流通不会损害社会的整体利益。

— 第三节 —

算力与治理：科层治理的优化

算力的提升为科层治理提供了新的优化途径。在政府管理中，算力可以帮助提高决策的科学性和精准性，优化资源配置，提高公共服务效率。例如，中国的"城市大脑"项目利用大数据和人工智能技术，对城市交通、安全、环保等方面进行智能管理，有效提升了城市治理水平。通过实时监控和分析交通流量数据，城市大脑可以动态调整交通信号灯，减少交通拥堵，提高道路通行效率。此外，通过分析环境监测数据，城市大脑还能及时发现污染源，采取措施减少污染，改善城市环境质量。

然而，算力在治理中的应用也面临挑战。一方面，算力的集中可能导致权力的集中，进而引发隐私和监控问题。例如，美国国家安全局的棱镜门事件揭示了大规模监控项目对公民隐私的威胁；另一方面，算力的使用需要大量数据支持，数据的收集、存储和处理都可能带来安全风险。例如，欧盟的通用数据保护条例就是为了应对这些挑战而制定的，它要求企业和组织在处理个人数据时必须遵循严格的规定，以保护个人隐私。

此外，算力的不均衡分布也可能导致社会不公。在一些发展中国家，算力资源的匮乏使得这些国家难以享受到算力带来的治理优化。例如，非洲的一些国家由于基础设施落后，互联网普及率低，算力资源严重不足，在教育、医疗和公共服务等方面难以实现数字化转型，这进一步加剧了其与发达国家之间的差距。

总体而言，算力作为一种新兴的权力资源，在效率权衡、意识形态传播和治理优化等方面发挥着越来越重要的作用。然而，算力的使用并非没有代价，它可能带来正义的缺失、意识形态的偏见和治理的挑战。因此，我们需要在推动算力发展的同时，深入思考和解决这些潜在问题，以确保算力能够为社会带来更多的利益而非风险。

首先，算力的集中和权力集中问题需要引起重视。政府和企业应制定相应的政策和法规，确保算力的使用不会侵犯公民的隐私权和自由权。例如，可以设立独立的数据监管机构，对算力的使用进行监督和审查，防止滥用和不当使用。

其次，算力的不均衡分布问题需要通过国际合作和援助来解决。发达国家应加大对发展中国家的技术援助和投资，帮助这些国家提升算力资源，缩小数字鸿沟。例如，可以通过建立跨国数据共享平台，提供算力资源支持，帮助发展中国家在教育、医疗和公共服务等领域实现数字化转型。

最后，算力的使用需要建立在安全和隐私保护的基础上。企业和组织应严格遵守数据保护法规，加强数据安全措施，防止数据泄露和滥用。例如，可以采用先进加密技术，确保数据在传输和存储过程中的安全；同时，建立严格的数据访问和管理机制，确保只有授权人员才能访问敏感数据。

通过这些措施，人们可以更安全地享受算力带来的便利和优化，与此同时，还能有效应对算力使用过程中可能出现的问题，确保算力能够为社会带来更多利益而非风险。

第五章

算力的经济影响

CHAPTER 5

算力是数字经济的核心资源。随着人工智能、大数据和区块链等技术的发展，算力需求激增，推动了相关产业的快速增长。算力的经济影响广泛，从提升生产效率、优化资源配置到催生新的商业模式，算力已成为推动社会进步和经济增长的关键力量。

— 第一节 —

算力助推数字经济爆发式增长

一、算力是数字经济的基础

算力是数字经济发展的基石。随着云计算、大数据、人工智能等技术的快速发展，算力需求呈指数级增长。算力的提升使得数据处理速度加快，为数字经济提供了强大的动力。例如，电商平台通过算力优化推荐算法，能够更精准地向用户推荐商品，从而提高交易效率和用户体验。下面，我们从几个方面详细论述算力在数字经济中的重要性，并结合现实例子进行说明。

1. 算力与大数据分析

在数字经济时代，数据是最重要的资产之一。企业通过收集和分析大量数据来洞察市场趋势、消费者行为和运营效率。然而，大数据的分析处理需要强大的算力支持。算力的提升使得企业能够快速处理和分析海量数据，从而做出更明智的决策。

现实例子 亚马逊是全球最大的电商平台之一，它利用大数据分析来优化库存管理、个性化推荐和价格策略。亚马逊的数据中心拥有强大的算力，能够实时处理来自全球各地的订单数据、用户行为数据和市场反馈数据。通过这些数据分析，亚马逊能够预测哪些商品可能会成为热门或滞销，从而提前备货或减少库存积压，并通过个性化推荐提高用户的购物体验和满意度。

2. 算力与人工智能

人工智能技术的发展离不开算力的支持。深度学习、机器学习等 AI 技术需要大量的计算资源来训练复杂的模型。算力的提升使得 AI 模型能够更快地学习和适应，从而在图像识别、语音识别、自然语言处理等领域取得突破性进展。

现实例子 谷歌的阿尔法狗是人工智能领域的一个标志性成就。阿尔法狗能够击败世界围棋冠军，其背后是谷歌强大的数据中心和算力支持。训练阿尔法狗这样的 AI 模型需要处理和分析数以亿计的围棋棋局数据，进行无数次的模拟对弈。没有足够的算力，这样的模型训练是无法完成的。

3. 算力与云计算

云计算是数字经济的重要基础设施。通过云计算，企业可以按需获取计算资源，无须投资昂贵的硬件设备。云计算平台通过集中管理大量服务器资源，提供弹性、可扩展的计算能力，满足不同规模企业的需求。

现实例子 阿里云是中国最大的云计算服务提供商之一，它为各行各业的企业提供算力支持。小红书是一个集社区和电商于一体的平台，它利用阿里云提供的算力资源，支持其社区内容的存储、处理和推荐算法的运行。小红书通过分析用户生成的内容和行为数据，向用户推荐感兴趣的商品和内容，从而提高用户黏性和购买转化率。

4. 算力与物联网

物联网技术将各种设备连接到互联网，实现数据的实时采集和交换。随着越来越多的设备联网，产生的数据量呈爆炸性增长。算力的提升使得这些数据能够被实时处理和分析，从而实现智能控制和优化决策。

现实例子 智能城市是物联网技术的重要应用领域。例如，新加坡通过部署大量传感器和摄像头，收集交通流量、空气质量、公共设施使用情况等数据。这些数据被传输到中央处理中心，强大的算力会对其进行实时分析和处理。通过这些分析，新加坡政府能够优化交通管理、提高能源效率和改善市民的生活质量。

很显然，算力已经成为数字经济发展的关键驱动力。无论是大数据分析、云计算还是物联网，都需要强大的算力支持。随着技术的不断进步，算力将继续推动数字经济的创新和发展。

二、算力与工业互联网的融合

工业互联网是数字经济的重要组成部分，算力的提升使得工业互联网能够处理更加复杂的数据分析任务。通过算力支持，工业互联网可以实现设备的实时监控、预测性维护和智能化生产，从而提高生产效率和产品质量。例如，通用电气公司利用其工业互联网平台 Predix，通过大数据分析和机器学习技术，优化了风力涡轮机的维护计划，减少了停机时间。

工业互联网是数字经济的重要组成部分，它通过连接各种工业设备、系统和平台，实现数据的采集、交换、分析和决策，从而推动制造业的智能化和自动化。算力的提升使得工业互联网能够处理更加复杂的数据分析任务，实现设备的实时监控、预测性维护和智能化生产，从而提高生产效率和产品质量。以下是工业互联网在实际应用中的几个关键点，以及工业互联网在具体例子中的实际运用。

1. 实时监控与数据分析

工业互联网通过传感器和设备收集实时数据，利用强大的算力进行即时分析，从而实现对生产过程的实时监控。这种实时监控能够及时发现生产过程中的异常情况，避免生产事故的发生，减少损失。

现实例子 西门子的 MindSphere 平台是开放的工业物联网操作系统，它通过连接各种工业设备，收集和分析数据，实现对生产过程的实时监控。例如，在一家汽车制造厂中，MindSphere 平台能够实时监控装配线上的机器人状态，通过分析传感器数据，预测并及时发现潜在故障，从而避免了生产线的停机，确保了生产效率。

2. 预测性维护

预测性维护是工业互联网的核心应用之一。通过分析历史和实时数据，工业互联网可以预测设备的维护需求，从而提前进行维护，避免设备故障和生产中断。

现实例子 三一重工 2023 年在其工业互联网平台根云上线智能预测性维护系统，为全球 12 万台工程机械装备提供健康管理服务。其通过安装于发动机、液压系统的 3200 余种传感器，每秒采集设备振动、温度、压力等数据超 150 万条，结合联邦学习技术构建故障预测模型。该系统成功预警湖南某风电场风力发电机主轴轴承故障，提前 37 天安排停机维护，避免单台设备潜在损失超 800 万元。2023 年数据显示，接入设备的非计划停机率下降 68%，平均维护响应时间从 72 小时缩短至 4.2 小时，备件库存周转率提升至 9.8 次 / 年（行业平均 3.2 次）。

3. 智能化生产

智能化生产是工业互联网的终极目标之一。通过算力支持，工业互联网可以实现生产过程的智能化，包括自动化决策、智能调度和优化生产流程等，从而提高生产效率和产品质量。

现实例子 在德国的"工业 4.0"计划中，西门子公司利用其 MindSphere 平台，与多家制造企业合作，实现了智能化生产。例如，西门子在一家汽车零部件制造厂中，通过 MindSphere 平台实现了生产线的智能化调度。平台根据实时订单数据和库存情况，自动调整生产线的运行速度和生产计划，优化了生产流程，缩短了生产周期，提高了生产效率。同时，通过数据分析，还实现了产品质量的持续改进，降低了废品率。

4. 资源优化与能源管理

工业互联网不仅能够提高生产效率，还能够优化资源使用并进行能源管理。通过分析生产过程中的能源消耗数据，工业互联网可以发现能源浪费的环节，提出优化方案，从而实现节能减排。

现实例子 中国宝武钢铁集团 2023 年建成全球首个钢铁全流程工业互联网平台"碳索者"，在宝山基地部署 12 万个物联网传感器，实时采集高炉、轧机等设备的能耗数据。通过华为云工业大脑分析，发现转炉煤气回收系统存在 26% 的热能浪费，经 AI 优化后吨钢综合能耗降至 512 千克标煤，达国际先进水平。平台同步接入全国 23 个生产基地数据，利用数字孪生技术模拟不同生产排程的碳排放，使集团年减少二氧化碳排放 186 万吨，相当于种植 1.2 亿棵树。2024 年该系统获工业和信息化部"双化协同"认证，并输出节能方案至东南亚钢厂，单家海外客户年省能源成本超 8000 万元。

综上所述，工业互联网通过算力的提升，实现了设备的实时监控、预测性维护、智能化生产和资源优化，从而显著提高了生产效率和产品质量。

三、算力与金融科技创新

在金融领域，算力的提升推动了金融科技的快速发展。算力使得金融机构能够处理海量的交易数据，进行复杂的风险评估和投资策略分析。例如，高频交易依赖于强大的算力来分析市场数据，实现毫秒级的交易决策，从而提高投资回报率。以下是算力在金融科技领域发展的几个关键点，以及相应的现实例子。

1. 高频交易

高频交易是金融市场上一种利用先进计算机技术进行交易的策略。这种策略依赖于极快的计算能力来分析市场数据，并在极短时间内执行大量交易。高频交易系统可以处理和分析海量市场数据，包括股票价格、交易量、新闻报道等，以发现市场中的微小价格差异，并迅速进行买卖操作以获取利润。

现实例子 全球大型高频交易公司之一的跃动交易集团，利用其强大的算力和先进的算法模型，能够在全球各大交易所进行毫秒级交易。其系统能够实时分析市场动态，识别出潜在套利机会，并迅速执行交易策略。这种策略使得高频交易公司能够在极短的时间内获得微小但稳定的利润，但长期可积累巨大的收益。

2. 风险管理与评估

在金融领域，风险管理是至关重要的环节。算力的提升使得金融机构能够利用复杂的数学模型和大数据分析技术，对各种金融产品和投资组合进行更精确的风险评估。这包括信用风险、市场风险、操作风险等多方面的评估。

现实例子 摩根大通利用其内部开发的名为"COiN"（Contract Intelligence）的平台，通过机器学习和自然语言处理技术，分析和处理大量的法律文件和合同。COiN平台能够快速识别合同中的关键条款，从而提高风险评估的效率和准确性。此外，摩根大通还使用了名为"Value at Risk"（VaR）的模型来评估市场风险，该模型依赖于大量的历史数据和复杂的计算，以预测在正常市场条件下可能发生的最大损失。

3. 投资策略分析与优化

算力的提升使得金融机构能够运用复杂的数学模型和算法来分析市场趋势，优化投资策略。这包括量化投资策略、算法交易、资产配置等。通过算力，金融机构可以模拟和测试不同的投资策略，以找到最优的组合。

现实例子 2016年，幻方量化率先推出了第一个AI模型，并将第一份由深度学习生成的交易仓位成功上线执行。这一具有开创性的举措，开启了幻方量化AI交易的新纪元。此后，幻方量化在AI技术的应用上不断深入，将所有交易策略都进行了全面的AI化改造。在AI技术的强大赋能下，幻方量化旗下基金的回报率大幅增长。与同期沪深300指数相比，其旗下基金的回报率优势显著，能超出指数涨幅的数倍。这一优异的成绩，不仅让投资者们获得了丰厚的回报，也让幻方量化在量化投资领域的地位更加稳固。

4. 区块链与加密货币 [1]

算力在区块链和加密货币领域也发挥着至关重要的作用。区块链技术依赖于分布式账本和共识机制，这些机制需要大量的计算资源来验证和记录交易。此外，早期部分加密货币的挖矿过程也依赖强大的算力来解决复杂的数学难题，从而维护网络安全和生成新的货币。

现实例子 比特大陆（Bitmain）是全球最大的区块链算力硬件制造商之一，其生产的ASIC矿机（Application-Specific Integrated Circuit）曾广泛用于区块链网络的算力支持。这些矿机拥有强大的算力，能够快速解决加密算法中的数学难题。此外，以太坊（Ethereum）等区块链平台也在不断优化其共识机制，例如从工作量证明（Proof of Work，PoW）转向权益证明（Proof of Stake，PoS），以减少对算力的依赖，提高网络效率。

很显然，算力在金融科技领域的快速发展中起到了至关重要的作用。从高频交易到风险管理，再到投资策略分析和区块链技术，算力的提升使得金融机构能够更高效、更精确地处理和分析数据，从而在竞争激烈的金融市场中获得优势。随着技术的不断进步，算力将继续推动金融科技的创新和发展。

---

[1]　中国全面禁止加密货币交易及挖矿活动。——编者注

— 第二节 —

网络经济与"眼球经济"的兴起

网络经济是指基于互联网的经济活动，算力的提升为网络经济提供了强大的支撑。随着互联网用户数量的增加，网络经济的规模不断扩大。算力使得互联网企业能够处理大量用户数据，提供个性化服务。

网络经济的兴起与"眼球经济"紧密相关。互联网用户数量的剧增带来了信息过载现象，使得用户注意力成为一种稀缺资源。网络企业通过算力的提升，能够精准捕捉并分析用户数据，从而设计出更具吸引力的内容和产品来争夺用户注意力，推动"眼球经济"形成。个性化的服务进一步提升了用户黏性，促进了网络经济的繁荣。

一、网络经济的蓬勃发展

网络经济包含了电子商务、在线广告、云计算服务、数字内容创作与分发等多个方面。随着互联网技术的飞速发展，网络经济已成为推动全球经济增长的重要力量。算力的提升为网络经济提供了强大的支撑，使得互联网企业能够处理海量数据，提供个性化服务，并推动了新技术和新业务模式的出现。以下是算力对网络经济影响的三个方面，以及相应的现实例子。

1. 数据处理能力的提升

随着互联网用户数量的增加，网络经济的规模在不断扩大，互联网企业需要处理的数据量也随之激增。算力的提升使得这些企业能够高效地处理和分析海量数据，从而更好地理解用户需求，优化服务和产品。

现实例子 亚马逊是全球最大的电子商务平台之一，它利用强大的算力来处理和分析用户的购物数据。通过分析这些数据，亚马逊可以预测用户需求，推荐个性化的商品，从而提高用户的购物体验和满意度。此外，亚马逊还利用算力优化其物流和库存管理，确保商品能够快速准确地送达消费者手中。

2. 个性化服务的实现

算力使得互联网企业能够处理大量的用户数据，提供个性化服务。通过分析用户的行为、偏好和需求，企业可以推送个性化的内容和广告，从而吸引更多的用户参与和广告商投资。

现实例子 字节跳动旗下抖音平台依托自建"火山引擎"算力集群（超 50 万台服务器），每日处理用户行为数据超 10PB，通过实时推荐算法实现精准内容推送。其自研的"灵驹 3.0"推荐系统能在 0.8 秒内完成用户兴趣建模，对 6.8 亿日活用户进行每秒 3000 万次的动态内容匹配。2023 年数据显示，算法使短视频完播率提升至 78%，广告点击率较行业均值高 42%，带动全年广告收入突破 3800 亿元。

3. 新技术与新业务模式的推动

算力的提升不只限于处理和分析数据，还推动了新技术和新业务模式的出现。例如，人工智能、机器学习和大数据分析等技术的发展，都离不开强大的算力支持。这些新技术的应用，使得网络经济中的企业能够提供更加创新和高效的服务。

现实例子 优步（Uber）是一个基于互联网的共享出行平台，它利用强大的算力来优化其动态定价算法和路线规划。通过实时分析大量的交通数据和用户需求，优步能够动态调整价格，确保供需平衡，同时为司机和乘客提供最优的路线选择。这种基于算力的业务模式创新，不仅提高了服务效率，还为优步在全球范围内迅速扩张提供了支持。

总而言之，算力的提升为网络经济提供了强大的支撑，使得互联网企业能够处理海量数据，提供个性化服务，并推动新技术和新业务模式的出现。通过具体例子，可以看到算力在实际应用中的巨大价值和潜力。随着技术的不断进步，算力将继续推动网络经济的发展，为全球经济增长注入新的动力。

二、眼球经济的形成与影响

眼球经济是指通过吸引用户注意力来获取经济利益的商业模式。算力的提升使得企业能够更精准地分析用户行为，从而设计出更具吸引力的内容和产品。例如，视频平台通过算法推荐系统，向用户推荐他们可能感兴趣的视频内容，从而增加用户的观看时间和平台的广告收入。

1. 眼球经济的形成

在信息爆炸的时代，用户的注意力成了稀缺资源，而眼球经济正是基于这一前提发展起来的商业模式。眼球经济的核心在于通过各种手段吸引用户的注意力，并将这些注意力转化为经济利益。随着算力的提升，企业能够更精准地分析用户行为，设计出更具吸引力的内容和产品，从而在激烈的市场竞争中脱颖而出。以下是眼球经济的几个关键点，以及具体的现实例子。

（1）数据驱动的内容个性化

在眼球经济中，数据的收集和分析是至关重要的。企业通过收集用户的行为数据，利用强大的算力进行分析，从而实现内容的个性化推荐。这种个性化涉及社交媒体、新闻网站、电子商务等多个领域。

现实例子 网飞公司是个性化推荐的佼佼者。通过分析用户的观看历史、搜索记录、观看时长等数据，网飞公司能够推荐用户可能感兴趣的电影和电视剧。这种个性化的推荐系统极大提高了用户的观看时间和平台的订阅率。例如，网飞公司曾推出《纸牌屋》这一自制剧，正是基于对用户数据的分析，它发现大量用户对政治题材和某位特定演员感兴趣，从而决定投资制作该剧。结果，《纸牌屋》一经推出便大受欢迎，不仅吸引了大量新用户，也显著提升了现有用户的观看时长。

（2）创新的广告模式

眼球经济时代，广告模式也在不断创新。企业不再满足于传统的广告形式，而是通过更加巧妙和隐蔽的方式吸引用户的注意力，从而提高广告效果。

现实例子 照片墙（Instagram）和抖音国际版（TikTok）等社交媒体平台上的"品牌合作"内容就是创新广告模式的体现。这些平台上的网红或影响者会与品牌合作，通过发布带有广告性质的帖子或视频来吸引粉丝的注意力。例如，Instagram上的时尚博主可能会发布穿着某个品牌服装的照片或视频，并在帖子中标明是品牌赞助。这种广告形式由于融入了用户日常浏览的内容中，因此更容易被接受，也更有效果。

（3）互动性与参与感的提升

在眼球经济中，用户不仅仅是被动接收信息的对象，更是互动和参与的主体。通过提升内容的互动性和参与感，企业能够更好地吸引和保持用户的注意力。

现实例子 B站的互动视频就是一个很好的例子。B站上的互动视频允许用户在视频播放过程中进行互动，例如在一些视频中，用户可以通过弹幕（实时评论）参与讨论，或者在一些选择性剧情视频中，通过投票来决定视频的剧情走向。这种互动方式不仅提高了用户的观看体验，也增强了用户对平台的黏性，促进了用户之间的社区互动，从而帮助B站吸引了更多的用户和广告商。

（4）利用算法优化用户体验

算法是实现眼球经济的关键技术之一。通过算法优化用户体验，企业能够更有效地吸引和保持用户的注意力。算法不仅可用于个性化推荐，还可用于内容的优化、用户界面的设计等方面。

现实例子 谷歌的搜索引擎就是利用算法优化用户体验的典型例子。谷歌通过复杂的算法对网页进行排名，确保用户能够快速找到他们需要的信息。例如，谷歌会根据网页的相关性、权威性、用户体验等因素进行排名，从而提供最符合用户需求的搜索结果。这种优化不仅提升了用户的搜索体验，也使得谷歌能够吸引更多的用户和广告商，获得巨大的经济利益。

总体而言，眼球经济通过各种手段吸引用户的注意力，并将这些注意力转化为经济利益。数据驱动的内容个性化、创新的广告模式、互动性与参与感的提升以及算法优化用户体验是实现眼球经济的几个关键点。随着技术的不断进步，眼球经济的模式也将不断演变，但其核心理念——吸引并保持用户的注意力，将始终不变。

2. 算力与内容创作的变革推动眼球经济的发展

算力的提升还促进了内容创作方式的变革。例如，通过算力支持的视频编辑软件，内容创作者可以更高效地制作高质量的视频内容。此外，算力还使得虚拟现实（VR）和增强现实（AR）等新兴技术得以应用，为用户提供沉浸式体验，进一步推动了眼球经济的发展。

算力的提升不仅改变了我们的日常生活，还深刻影响了内容创作的方式，推动了技术的革新和经济的发展。以下是算力提升对内容创作方式变革的几个具体论述，以及相应的现实例子。

（1）高效的视频编辑与制作

随着算力的提升，视频编辑软件的功能和性能得到了极大的增强。现代视频编辑软件如 Adobe Premiere Pro、Final Cut Pro 等，都依赖强大的计算能力来处理高分辨率视频、复杂的特效和渲染任务，这使得内容创作者能够更高效地制作高质量的视频内容。

现实例子 字节跳动旗下视频编辑软件剪映 2023 年推出"超影引擎"，依托火山引擎的云端算力支持，实现 8K 视频实时剪辑渲染。其 AI 算力集群（配备 10 万张 A800 GPU）可同时处理超 200 万创作者的 4K/60 帧素材，将特效渲染耗时从传统本地计算的 3.2 小时压缩至 9 分钟。典型案例显示，某 MCN 机构使用"智能成片"功能，输入文案后 AI 自动生成分镜、配乐及转场特效，单条短视频制作周期从 6 小时缩短至 11 分钟。2024 年新增的"光影引擎"模块，通过自研 NPU 加速卡实现每秒 480 帧的慢动作插帧计算，使华为 Mate 60 Pro 等移动端设备也能处理电影级 RAW 格式素材。

（2）VR 和 AR 技术的应用

算力的提升是 VR 和 AR 技术得以广泛应用的关键因素之一。这些技术需要大量的计算资源来实时渲染 3D 图像和处理复杂的交互逻辑，从而为用户提供沉浸式体验。

现实例子 游戏产业是 VR 和 AR 技术应用的前沿阵地。2023 年，中国移动联合敦煌研究院推出"数字敦煌·元宇宙"项目，依托华为云万核 GPU 算力集群，实现莫高窟 492 个洞窟的 4K 级实时渲染。该系统每秒处理超 8000 万面多边形数据，游客通过 VR 设备可在 1∶1 数字孪生洞窟中毫米级观赏壁画细节，并借助 AI 修复算法还原氧化褪色部分。项目上线首月访问量突破 300 万人次，云端并发渲染延迟低于 15 毫秒，较传统本地渲染能耗降低 76%。2024 年升级至"全息敦煌"模式，引入光场扫描技术，单窟数据量达 1.2PB，通过 5G+边缘计算实现百万人同时在线的 AR 导览，算力需求相当于同时驱动 50 款《原神》游戏。

（3）人工智能在内容创作中的应用

算力的提升使得 AI 技术得以在内容创作中发挥更大的作用。AI 不仅可以辅助内容创作，如通过自然语言处理技术自动生成文本内容，还可以通过图像识别和生成对抗网络（GANs）技术创作图像和视频。

现实例子 AI 写作助手如 Grammarly（语法大师）和 GPT 系列模型，能够帮助作家和内容创作者提高写作效率和质量。例如，GPT-3 模型能够生成连贯、有逻辑的文本，甚至创作诗歌、编写代码和撰写新闻报道。这些 AI 工具大大降低了内容创作的门槛，提升了创作效率。

（4）大数据和个性化内容推荐

算力的提升使得大数据分析成为可能，进而推动了个性化内容推荐系统的发展。通过分析用户的行为数据，内容平台如网飞、油管和声田（Spotify）能够提供高度个性化的推荐，从而提升用户体验感和用户黏性。

现实例子 网飞使用复杂的算法分析用户的观看历史、评分和搜索行为，以提供个性化的影片推荐。强大的算力使得网飞能够实时处理海量数据，并快速更新推荐列表，从而保持用户的兴趣和满意度。

总而言之，算力的提升为内容创作带来了革命性的变化，不仅提高了创作效率和质量，还推动了新技术的应用和个性化内容的普及。从高效的视频编辑到沉浸式的 VR 和 AR 体验，再到 AI 辅助创作和个性化推荐，算力正在不断推动内容创作的边界，为用户带来更加丰富和个性化的体验。随着技术的不断进步，可以预见，算力将继续在内容创作领域扮演至关重要的角色。

— 第三节 —
从城市漫步到"特种兵"旅游

算力作为支撑现代信息技术的重要基础，能够处理和分析大规模数据，为城市漫步和"特种兵"旅游提供智能化服务。在城市漫步中，算力可以优化导航系统，提供个性化路线推荐；在"特种兵"旅游中，算力能够支持实时数据分析，提升旅游体验的安全性、效率和趣味性。

一、算力与智慧城市建设

算力是智慧城市建设的关键。通过算力支持，城市管理者可以实时监控城市运行状态，优化交通流量，提高能源使用效率，提升城市居民的生活质量。

1. 实时监控与数据分析

算力使得城市管理者能够实时监控城市运行的各个方面，包括交通、安全、环境等。通过安装传感器和摄像头，收集大量数据，算力强大的计算机系统可以对这些数据进行实时分析，快速识别问题并作出响应。例如，北京市通过安装大量监控摄像头和传感器，利用算力强大的数据处理中心，实时监控交通流量和城市安全。这不仅可帮助警方快速响应犯罪事件，还能够分析交通模式，预测并缓解交通拥堵。

2. 交通流量优化

智慧城市的算力支持可以显著改善交通状况。通过分析来自交通摄像头、传感器和 GPS 设备的数据，城市管理者可以实时调整交通信号灯，优化交通流量。例如，新加坡的智能交通系统利用算力分析交通数据，实时调整信号灯的时长，有效缓解了交通拥堵问题。此外，新加坡还通过算力分析预测交通高峰时段，提前发布交通信息，引导司机选择最佳路线，从而减少交通拥堵。

3. 提高能源使用效率

算力还可以帮助城市更高效地使用能源。通过智能电网和智能建筑管理系统，算力可以实时调整能源消耗，减少浪费。

现实例子 杭州在算力支持下实现交通智能化升级，全市部署超过 5 万个物联网传感器和 8000 路 AI 摄像头，日均处理交通数据达 500TB。通过阿里云城市大脑实时分析，2023 年高峰时段拥堵指数同比下降 23%，西湖景区周边道路通行效率提升 41%。高架匝道智能信号灯系统使延误率减少 37%，同时推出的"智慧出行"App 用户超 870 万，实现 98% 的公交到站预报误差在 1 分钟内。电子收费系统覆盖 286 条主干道，根据实时路况动态调价幅度达 0.5—4 元，用户突破

230万，使核心区域日均车流量降低19%，年减少碳排放14万吨。

二、算力与旅游体验的个性化

算力的提升使得旅游体验更加个性化和智能化。利用算力分析用户的旅游偏好和行为数据，旅游平台可以提供定制化的旅游方案。例如，携程等在线旅游平台利用大数据和人工智能技术，为用户提供个性化的旅游推荐，包括酒店、景点和行程规划等。

1. "特种兵"旅游的兴起

"特种兵"旅游是一种旅游方式，强调体验和挑战。这种旅游方式不仅仅是为了观光，更多的是为了体验特种兵般的极限挑战和生存技能。随着算力的提升，旅游企业能够设计出更加复杂和个性化的旅游路线和活动，为特种兵旅游爱好者提供独一无二的体验。

例如，一家专注于户外探险的企业，利用先进的算力分析地形数据，设计出适合不同难度级别的徒步路线。这些路线不仅包括了传统的徒步旅行，还融入了特种兵训练中的各种元素，如穿越障碍、野外生存技能训练等。比如，其设计了一条名为"荒野求生"的路线，参与者需要在没有现代通信工具和导航设备的情况下，依靠地图和指南针穿越一片未知的原始森林。这条路线不仅考验参与者的体力和耐力，还考验他们的智慧和生存技能。

另一个例子是"特种兵挑战营"，这是一家专注于特种兵旅游的公司。该公司利用算力分析不同地区的气候、植被、动物活动等数据，设计出一系列特种兵训练营活动。比如，在一个名为"沙漠风暴"的活动中，参与者需要在炎热的沙漠环境中完成一系列任务，包括寻找水源、搭建遮阳帐篷、制作简易武器等。这些活动不仅让参与者体验到特种兵的训练生活，还让他们在极端环境下学会如何生存和合作。

特种兵旅游不仅是一种旅游方式的创新，更是一种生活方式的改变。它让普通人在安全的环境下体验到特种兵的生活，满足了人们对冒险和挑战的渴望。随着算力的不断提升，未来特种兵旅游将会更加个性化和多样化，为人们提供更加丰富和刺激的旅游体验。

2. 算力与旅游经济

算力作为推动旅游经济发展的重要技术力量，其作用不容小觑。随着技术的进步、算力的增强，旅游行业能够处理数量巨大的数据，从而优化资源配置，提升服务个性化水平，促进旅游经济的繁荣。

强大的算力可以对海量的旅游数据进行深入分析，从而洞察游客的出行习惯和偏好。基于以上分析，旅游企业能够为游客提供更加定制化的旅游路线和服务。例如，利用算力分析，旅游公司可以预测旅游高峰期，提前调整价格策略和资源分配，以满足不同游客的需求。算力还可以帮助旅游企业通过智能推荐系统，为游客推荐最适合他们的旅游产品和服务，从而提高客户满意度和忠诚度。

阿里巴巴旗下的"未来酒店"利用云计算算力，实现了酒店管理的智能化。从客房预订、入住登记到客房服务，整个流程都通过算力进行优化，大大提升了客户体验。例如，通过算力驱动的智能系统，酒店能够根据客人的历史偏好自动调节房间温度、灯光和音乐，为客人提供个性化的住宿体验。

另外，新兴的"特种兵"旅游，即以特种兵体验为主题的旅游项目，也受益于算力的发展。这类旅游项目通常需要高度的个性化和定制化服务，以及对安全性和体验性的严格要求。算力使得旅游企业能够通过大数据分析，结合 GIS（地理信息系统）、VR、AR 等技术，为特种兵旅游爱好者提供更加真实和刺激的体验。例如，通过算力分析，旅游公司可以设计出符合特种兵训练要求的路线和活动，同时确保活动的安全性。

抖音等社交媒体平台也通过大数据分析，结合算力，为旅游目的地的推广提供了精准营销方案。这些平台能够根据用户的兴趣和行为数据，向潜在游客推送相关旅游目的地的广告和信息，吸引他们进行旅游消费。

总之，算力在旅游经济中的应用，不仅提升了旅游服务的效率和质量，还为特种兵等新兴旅游项目的发展提供了强大的技术支撑。随着算力技术的不断进步，未来旅游经济将更加智能化、个性化，为游客带来前所未有的体验。

第六章

算力的文化影响

CHAPTER 6

算力是现代社会发展的基石。算力的提升极大地推动了文化创新与传播。从大数据分析到人工智能创作，算力让文化产品更加个性化和精准化。它不仅改变了艺术创作的方式，还加速了全球文化交流，使得不同文化之间的互动更加频繁和深入。算力的普及，让文化内容的生产、分发和消费变得更加高效，从而深刻影响了文化产业结构和人们的生活方式。

— 第一节 —
中华传统文化的数字化表达

算力是数字化时代的核心资源之一，它为中华传统文化的数字化表达提供了强大的技术支持。我们可以利用算力高效地处理和分析大量文化数据，实现文化遗产的数字化保存、传播和创新。算力使传统文化元素得以在虚拟空间中重现，如数字博物馆、虚拟现实体验等，让更多人能以互动的方式接触和了解中华文化的博大精深。

一、数字化保护与传承的深化

在中华传统文化的数字化保护与传承方面，算力的发展进一步推动了工作的深化与细化。以故宫博物院为例，其不仅完成了对大量文物的数字化扫描与存档，还利用大数据和人工智能技术对这些数据进行深度挖掘与分析，以揭示文物背后的历史文化信息和艺术价值。例如，通过图像识别技术精确识别文物上的图案、文字等元素，可分析这些元素所代表的文化含义及所处的时代背景。此外，故宫博物院还开发了多款基于 AR 和 VR 技术的应用程序，让用户在虚拟环境中与文物进行互动，实现沉浸式的文化体验。

1. 数字化技术在传统文化保护中的应用

随着科技发展，数字化技术已经成为传统文化保护与传承的重要手段。通过高精度的扫描、三维建模、图像识别等技术，文物的数字化存档不仅能够保存文物的外观和结构，还能深入挖掘其背后的文化内涵。例如，故宫博物院利用这些技术对馆藏的书画、陶瓷、青铜器等进行数字化处理，使得这些珍贵文物得以永久保存，并供全球的研究者和公众访问。

在这一过程中，算力的发展起到了至关重要的作用。强大的计算能力使得大规模数据处理成为可能，从而使得文物的数字化工作更加高效和精确。例如，通过深度学习算法对文物的高清图像进行自动分类和标注，可大大减少人工操作的烦琐性。同时，算力的提升也使得人工智能在图像识别、自然语言处理等方面的应用更加广泛，使其可以更深层次地解读文物背后的历史文化信息。

2. 数字化技术在传统文化传承中的创新应用

数字化技术不仅在文物的保护方面发挥了重要作用，还在传统文化的传承方面带来了创新。通过 AR 和 VR 技术，传统文化的体验变得更加生动和直观。例如，故宫博物院开发的多款应用程序，如"故宫 VR"和"故宫 AR"，让用户能够通过 VR 和 AR 技术，与文物进行互动，体验到更加丰富的文化内涵。

数字敦煌项目是一个更为宏大的例子。该项目通过三维扫描和 VR 技术，将敦煌莫高窟的壁画和雕塑转化为数字形式，构建了一个虚拟的敦煌世界。游客可以通过 VR 设备，身临其境地体验敦煌艺术的魅力。这种全新的体验方式不仅吸引了更多的年轻人关注传统文化，也为敦煌艺术的全球传播提供了新的途径。

3. 数字化技术在传统文化教育中的应用

数字化技术为传统文化的普及和教育提供了新的平台。通过数字化手段，传统文化教育可以突破时间和空间的限制，使得更多的人能够方便地接触传统文化知识。例如，故宫博物院推出的"故宫在线课程",通过网络平台向公众提供关于中国传统文化和艺术的教育内容。这些课程不仅包括文物的介绍,还涵盖历史、艺术、工艺等多个方面,使得学习者能够全面地了解和认识中国传统文化。

数字敦煌项目也在这方面做出了积极的尝试。通过 VR 技术,敦煌研究院开发了"数字敦煌教育资源平台",为学校和教育机构提供了丰富的敦煌艺术教育资源。这些资源不仅包括洞窟的三维模型和壁画的高清图像,还包括相关的教学视频和互动游戏,使得学生能够在互动中学习和了解敦煌艺术。

总体而言,算力的发展为中华传统文化的数字化保护与传承提供了强大的技术支持。通过数字化技术,文物可以永久数字化保存,传统文化得以创新传承,教育方式也变得更加便捷和多样化。随着技术的不断进步,数字化保护与传承中华传统文化的前景将更加广阔。

二、数字化展示与教育的创新

随着算力的提升,中华传统文化的数字化展示与教育手段也在不断创新。这一现象不仅改变了我们对传统文化的认知方式,还极大地拓宽了传统文化的传播范围和受众群体。以下将从三个方面详细论述这一现象,并结合现实例子进行说明。

1. 数字化展示技术的创新应用

随着算力的提升，数字化展示技术如全息投影、VR 和 AR 等，为传统文化的展示带来了革命性的变化。这些技术能够将静态的文物和历史场景转化为动态的、互动性强的展示内容，极大地提升了观众的体验感。

现实例子 腾讯公司推出的"数字故宫"小程序，集成了故宫博物院的丰富文化资源，包括文物介绍、展览信息、在线导览等功能。用户可以通过手机轻松访问这些资源，随时随地了解和学习中华传统文化。此外，小程序还利用算法技术为用户推荐个性化的文化内容，提高了用户的参与度和满意度。

2. 在线教育平台的兴起

算力的提升使得在线教育平台能够开发出大量关于中华传统文化的在线课程和视频资源。这些平台不仅提供了丰富的学习材料，还通过互动式教学、虚拟课堂等方式，使得更多人在家中就能接受到专业的文化教育。

现实例子 国家开放大学开设的"中华优秀传统文化教育"课程，利用在线教育平台的优势，为广大学习者提供了系统学习中华优秀传统文化的机会。课程内容涵盖了诗词、书法、国画、传统音乐等多个领域，通过视频讲解、在线测试和互动讨论等形式，学习者能够更深入地理解和掌握传统文化知识。

3. 传统文化的互动体验与传播

算力的提升还使得传统文化的互动体验和传播变得更加便捷和高效。通过社交媒体、短视频平台等现代传播渠道，传统文化能够以更加生动、有趣的形式呈现给公众，从而吸引更多年轻人的关注和参与。

现实例子 抖音平台发起的"传统文化挑战赛"，鼓励用户通过短视频展示自己的传统文化才艺，如书法、国画、传统舞蹈等。这一活动不仅吸引了大量传统文化爱好者的参与，还通过平台的算法推荐机制，将这些内容推送给更多相关潜在观众，从而实现了传统文化的广泛传播和普及。

由此可见，算力的提升为中华优秀传统文化的数字化展示与教育手段带来了前所未有的创新机遇。通过全息投影、在线教育平台以及社交媒体等现代技术手段，传统文化能够以更加生动、互动的形式呈现给公众，极大地拓宽了传播范围和受众群体。随着技术的进一步发展，我们有理由相信中华优秀传统文化将以更加多元和生动的方式，继续在世界文化舞台上绽放光彩。

三、数字化创新与传播的全球化

算力的发展为中华传统文化的数字化创新与传播提供了

强大的技术支持，使得这些文化得以在全球范围内广泛传播。

1. 数字化传播的便捷性与广泛性

随着算力的提升，数字化技术变得越来越先进，这使得中华传统文化的传播变得更加便捷和广泛。通过互联网的社交媒体平台，如油管、元宇宙等，中国的传统文化节目、音乐、舞蹈等内容可以迅速传播到世界各地，引起全球观众的关注和喜爱。

现实例子 以《国家宝藏》这一节目为例，它通过互联网平台向全球观众展示了中国丰富的文化遗产。节目中的文物介绍、历史故事以及专家讲解，通过高清视频和互动内容，让全球观众能够深入了解中国的传统文化。这种形式不仅能让海外华人感受到文化的归属感，也让外国观众对中国文化产生了浓厚的兴趣。

2. 传统文化的创新与融合

算力的发展不仅促进了传统文化的传播，还为传统文化的创新与融合提供了可能。通过数字技术，传统文化元素可以与现代艺术、科技等相结合，创造出全新的文化产品和体验。

现实例子 故宫博物院推出的数字故宫项目，利用 VR 技术，让观众可以身临其境地体验故宫的宏伟与精美。通过 VR 头盔，用户可以穿梭于故宫的各个角落，甚至可以近距离观赏那些珍贵文物。这种创新不仅吸引了年轻一代，也让传统文化以一种全新的方式得以传承和发扬。

3. 促进国际文化交流与合作

算力技术的应用还推动了国际文化交流与合作。通过数字化平台，各国文化得以展示和相互交流，促进了不同文化之间的理解和尊重。

现实例子 在国际文化博览会上，我国的展团利用数字化技术展示了包括书法、绘画、陶瓷等在内的多种传统文化艺术形式。通过高清显示屏、互动装置等现代科技手段，观众可以直观感受到中华传统文化的魅力和韵味。这种全球化的传播方式不仅提升了中华传统文化的国际影响力，也促进了不同文化之间的交流与融合。

综上所述，算力的发展为中华传统文化的数字化创新与传播提供了前所未有的机遇。通过互联网和社交媒体平台，以及各种数字化技术的应用，中华传统文化得以跨越国界和地域限制，以全新的形式在全球范围内传播和交流，从而增强了全球影响力，并促进了不同文化之间的相互理解和尊重。

— 第二节 —
现代文化的创新发展

算力是现代文化创新发展的重要基石。强大的计算能力使得大数据分析、人工智能创作和虚拟现实技术得以实现，推动了文化产品的个性化定制和精准传播。算力还加速了文化内容的生成、编辑和渲染过程，缩短了创作周期，提高了文化产品的质量，丰富了文化产品的多样性。此外，算力支持的算法优化和模式识别技术，为文化遗产保护和文化趋势预测提供了新工具，促进了文化产业的可持续发展。

一、创意产业的数字化转型加速

在现代文化的创新发展方面，算力的提升加速了创意产业的数字化转型进程。以电影产业为例，随着高性能计算技术的应用，电影特效的制作水平不断提高，为观众带来了更加震撼和逼真的视觉体验。同时，大数据分析技术也被广泛应用于电影市场的预测和营销策略的制定中，帮助制片方更好地了解观众需求和市场趋势。

现实例子 《流浪地球》系列电影的成功不仅在于其精彩的剧情和深刻的主题思想，更在于其出色的特效制作。这些精彩特效的呈现离不开算力的支持。通过高性能计算技术，制作团队能够模拟出复杂的宇宙环境和灾难场景，为观众带来身临其境的观影感受。同时，大数据分析技术也帮助制片方精准把握观众的需求变化，为电影的宣传和发行提供了有力的支持。

二、社交媒体与文化表达的多元化

社交媒体平台的兴起为现代文化的表达和传播提供了多元化渠道。通过微博、抖音、微信公众号、今日头条等社交媒体平台，人们可以随时随地分享自己的文化体验和创意内容，形成独特的网络文化现象。同时，社交媒体平台也利用算法技术为用户推荐个性化的文化内容，进一步促进了文化的多样性和丰富性。

现实例子 抖音短视频平台以其独特的算法技术和丰富的内容生态吸引了大量用户的关注和参与。在这个平台上，用户可以创作和分享各种类型的短视频内容，包括音乐、舞蹈、美食、旅行等各个方面。通过抖音的算法推荐系统，用户可以轻易发现和关注与自己兴趣相符的创作者，内容创作者也可以获得更多的曝光和粉丝支持。这种多元化的表达方式不仅丰富了现代文化的内涵和外延，也促进了文化的交流和传播。

三、人工智能与艺术创作的深度融合

人工智能技术的发展为艺术创作提供了新的可能性和方向。通过深度学习等算法技术，人工智能可以模拟人类的创作过程和思维方式，生成具有独特风格和情感表达的艺术作品。这些作品不仅具有艺术价值，还具有一定的创新性和前瞻性。

现实例子 2023 年 6 月，由清华大学与商汤科技联合研发的 AI 艺术创作系统"墨魂"，在保利拍卖行以 1680 万元人民币拍出首幅 AI 水墨长卷《虚谷万相》。该作品基于多模态大模型"书生 2.0"，通过分析宋元明清四代 2.3 万幅水墨真迹，结合实时笔触压力传感技术，生成长达 12 米的动态数字画卷。展览期间，超 15 万观众通过 AR 眼镜体验"AI 画家"实时创作，引发艺术界关于"数字文人画"定义的激烈辩论。2024 年，中央美院为此开设"人机共创艺术"专业方向，推动传统艺术教育范式革新。

随着技术的不断进步，人工智能与艺术家的合作将更加频繁，共同创作出更多融合传统与现代、技术与艺术的新型作品。这种合作不仅能够推动艺术形式的创新，还能够为艺术创作提供新的视角和灵感来源。未来，人工智能在艺术领域的应用将更加广泛，从绘画、音乐到表演艺术，人工智能将为艺术创作带来前所未有的变革。

第七章

算力的社会影响

CHAPTER 7

算力的提升极大地推动了科技进步和社会发展，使得大数据分析、人工智能、云计算等领域得以迅猛发展。它提高了生产效率，优化了资源分配，促进了个性化服务的普及。同时，算力的集中也引发了数字茧房的困扰，生成式人工智能创新与隐忧、隐私保护、数据安全等问题，对社会伦理和法律法规提出了新的挑战。

— 第一节 —
数字茧房的困扰

　　在数字时代，算力的增强使得个性化推荐算法变得无处不在。这些算法通过分析用户的行为和偏好，为用户定制信息流，从而导致信息泡沫化现象。用户往往只能看到与自己观点一致的信息，这减少了他们接触不同观点的机会。一些社交媒体平台通过算法向用户展示他们可能喜欢的内容，这可能导致用户陷入由相似信息构成的"茧房"。

一、信息泡沫化

个性化推荐算法的核心在于通过数据挖掘技术来分析用户的历史行为，包括点击、浏览、购买、搜索等，以及用户在社交网络上的互动，如点赞、评论和分享。通过这些数据，算法可以构建起用户的兴趣模型，并预测用户可能感兴趣的新内容。这种技术在提高用户体验方面发挥了巨大作用，因为它减少了用户寻找信息的时间和精力，使他们能够更快地找到自己感兴趣的内容。

然而，这种算法的广泛应用也带来了不容忽视的问题。首先，它加剧了信息泡沫化现象。信息泡沫化是指用户在互联网上主要接触到与自己已有观点一致的信息，而很少接触到不同或相反的观点。这种现象在社交媒体平台上尤为明显，因为这些平台的商业模式往往依赖于用户参与，而用户更倾向于与自己观点一致的信息互动。因此，平台的算法会优先展示这类内容，进一步加强了信息的同质化。

信息泡沫化不仅限制了用户接触新观点的机会，还可能加剧社会分裂。当人们只被自己的观点所包围时，他们可能变得更加固执己见，难以理解或接受不同的意见。这种现象在政治领域尤为突出，不同政治立场的人群可能完全生活在不同的信息世界中，这使得社会对话和共识的建立变得更加困难。

此外，信息泡沫化还可能对个人决策产生负面影响。在信息泡沫中，用户可能无法获得全面的信息，这可能导致他们做出基于不完整或偏颇信息的决策。例如，在金融投资、健康选择或选举投票等方面，信息的片面性可能会导致严重的后果。

为了缓解信息泡沫化问题，一些平台开始尝试打破信息茧房。例如，油管在 2019 年宣布将对个性化推荐算法进行调整，以确保用户能够接触到更广泛的内容。元宇宙也在进行类似的实验，试图在保持用户参与度的同时，提供更平衡的信息流。

然而，打破信息泡沫并非易事。一方面，平台需要在满足用户个性化需求和提供多样化信息之间找到平衡点。另一方面，用户本身也需要意识到信息泡沫的存在，并主动寻求不同视角的信息。教育和媒体素养的提升对于帮助用户识别和跳出信息泡沫至关重要。

在技术层面，算法的透明度和可解释性也是解决信息泡沫化问题的关键。如果用户能够理解推荐算法的工作原理，他们可能会更加理解算法提供的内容，并主动探索推荐算法之外的信息。此外，算法设计者可以考虑引入随机性或多样性指标，确保推荐列表中包含不同来源和观点的内容。

总之，个性化推荐算法在提升用户体验的同时，也带来了信息泡沫化的问题。为了构建更加开放和多元的信息环境，平台、用户和技术需要共同努力，以确保个性化服务不会牺牲信息的多样性和全面性。只有这样，我们才能在数字时代中保持开放的思维，促进社会的和谐与进步。

二、社会极化加剧

数字茧房效应加剧了社会的极化。由于人们只接触到与自己观点相同的信息，他们可能变得更加固执己见，难以理解或接受不同的观点。这种现象在政治领域尤为明显，例如，在美国大选期间，不同政治倾向的选民通过社交媒体接触到的信息差异巨大，这加剧了政治对立。

顺便普及一个概念，所谓的数字茧房效应，指的是在互联网时代，人们在社交媒体、搜索引擎、新闻推荐等数字平台上，由于算法的个性化推送，往往只接触到与自己已有观点相吻合的信息，而很少接触到异质性或相反的观点。这种现象导致虽然人们在信息的海洋中，但实际上却是在一个狭窄的、自我加固的观念空间里活动，就像被包裹在一个茧房中一样。

这种效应的形成与互联网平台的商业模式密切相关。为了吸引用户停留更长时间，平台通过算法分析用户的行为和偏好，然后推送用户可能感兴趣的内容。这种做法虽然提高了用户体验，但也导致用户被限制在信息的泡沫中。用户在不知不觉中被自己的选择和平台的算法所影响，逐渐形成一种回音室效应，即在自己的观点周围不断听到相似或相同的回声。

数字茧房效应不仅限于政治领域，还广泛存在于经济、文化、教育等多个社会领域。在经济领域，人们可能只关注与自己消费习惯相符合的产品信息，从而忽视了其他可能更合适或更优质的选择。在文化领域，人们可能只阅读或观看与自己审美和价值观相吻合的作品，丧失文化多样性。在教育领域，学生可能只接触到与自己已有知识和信念相一致的信息，从而限制了他们的视野和思维的广度。

数字茧房效应还可能导致"群体极化"现象，即在同质化的群体中，成员的观点会变得更加极端。这是因为群体成员在相互交流的过程中，会不断强化彼此的观点，使得原本就相似的观点变得更加极端。这种群体极化现象在社交媒体上尤为明显，因为社交媒体的互动性使得人们可以迅速形成意见共同体，并在其中不断加强彼此的观点。

为了缓解数字茧房效应带来的社会极化问题，我们需要采取多方面的措施。首先，平台需要调整算法，减少同质化信息的推送，增加信息的多样性。其次，用户需要提高自己的媒介素养，主动寻找和接触不同的信息和观点，避免陷入信息茧房。最后，政府和社会组织也可以通过教育和公共政策来促进信息的多样性和公共讨论的开放性。

客观来说，数字茧房效应是一个复杂的社会现象，它不仅影响了个体的信息接收和观点形成，还对社会的对话和共识构建产生了深远影响。只有通过多方面共同努力，才能缓解这一效应带来的负面影响，促进社会的和谐与进步。

三、知识获取的局限性

在信息大爆炸时代，算力的增强无疑极大地便利了人们的生活。互联网的普及和算法技术的进步，使得我们能够以前所未有的速度和便捷性获取信息。然而，这种速度和便捷性背后隐藏着数字茧房效应。这一现象不仅限制了人们获取知识的广度，还可能对他们的知识结构和判断能力产生深远的影响。

这种效应在教育领域尤为明显。例如，学生通过在线学习平台获取知识时，如果平台的推荐算法过于个性化，可能会导致学生缺乏对其他学科或观点的了解。长此以往，学生可能会形成狭隘的知识结构，影响他们的全面发展和批判性思维能力的发展。

油管的推荐算法是数字茧房效应的典型例子。该算法根据用户观看历史推荐视频，这导致用户可能长时间停留在特定的内容领域，如极端政治观点或特定类型的娱乐内容。这种现象在一些用户群体中引发了争议，他们发现自己被限制在一个狭窄的信息环境中。

这种算法推荐机制虽然在一定程度上满足了用户的即时需求，但却在无形中剥夺了用户接触新信息的机会。用户在不知不觉中被限制在一个由算法构建的虚拟空间内，这个空间虽然舒适，却缺乏足够的多样性和挑战性。长期处于这样的环境中，用户的认知可能会变得越来越固化，难以接受与自己观点相悖的信息，从而影响了他们的判断能力和决策质量。

算力的增强虽然使得信息获取更加便捷，但同时也带来了数字茧房效应这一挑战。我们必须正视这一问题，采取有效措施，以确保人们能够在信息的海洋中自由航行，而不是被限制在狭隘的数字茧房中。只有这样，我们才能真正实现信息的自由流通，促进知识的广泛传播，以及社会的和谐发展。

— 第二节 —
生成式人工智能创新与隐忧

随着技术的飞速发展，生成式人工智能正以前所未有的速度改变着我们的工作和生活方式。它为创意产业、数据分析等领域带来革命性变革，但同时也引发了关于伦理、隐私和就业安全的深刻思考。

一、创造力的释放

生成式人工智能是一种深度学习模型，由伊恩·古德费洛（Ian Goodfellow）在 2014 年提出。它由两个神经网络组成：生成器（Generator）和判别器（Discriminator）。生成器负责创造数据，判别器负责区分生成的数据和真实数据。这两个神经网络在训练过程中相互竞争，生成器不断学习如何产生更真实的数据，而判别器则不断提高其识别能力。这种对抗过程使得生成器最终能够创造出与真实数据几乎无法区分的假数据。

在艺术创作领域，生成式人工智能已经取得了令人瞩目的成就。艺术家们利用这些技术创造出前所未有的视觉艺术作品，这些作品在风格、色彩和形式上都突破了人类艺术家的常规思维。例如，GANs可以学习凡·高、毕加索等世界级绘画大师的画风，并创作出新的画作，这些作品在艺术风格上与原作相似，但又带有独特的创新元素。此外，GANs还可以用于修复老照片、生成虚构人物的肖像，甚至创造出全新的虚构场景和物体。

在音乐制作方面，生成式人工智能作曲软件已经能够创作出听起来与人类作曲家作品难以区分的音乐。这些软件通过学习大量的音乐作品，理解旋律、和声、节奏和曲式等音乐元素的组合规律，然后生成新的音乐作品。生成式人工智能作曲不限于模仿已有的风格，它还能创造出全新的音乐风格和流派。例如，一些生成式人工智能作曲软件被训练来模仿巴洛克时期的音乐，而另一些则可能创造出融合了古典与电子音乐元素的全新风格。

在文学创作领域，生成式人工智能同样展现出巨大的潜力。通过学习大量的文本数据，生成式人工智能可以创作诗歌、小说、新闻报道等不同类型的文本。这些文本在语法、句式和主题上都与人类作家的作品相似，甚至在某些情况下，生成式人工智能创作的内容可以欺骗读者，让他们认为是人类作家所写。生成式人工智能在文学创作中的应用不仅限于娱乐，它还可以帮助作家进行创作辅助，例如提供情节建议、角色发展或文风改进等。

除了艺术创作，生成式人工智能在其他领域也有广泛的应用。例如，在游戏设计中，生成式人工智能可以用来生成游戏内的环境、角色和物品，为游戏设计师提供无限的创意资源。在时尚设计中，生成式人工智能可以设计出新颖的服装款式，帮助设计师快速迭代设计思路。在医学领域，GANs能够生成逼真的医学影像，辅助医生进行诊断和研究。

尽管生成式人工智能在这些领域展现了巨大的潜力，但它也引发了一些伦理和法律问题。例如，其创作的艺术作品的版权归属问题，以及创作内容可能对人类艺术家的生计造成影响。事实上，由 GenAI 创作的作品已经出现版权纠纷。2023年 11 月，北京互联网法院就针对一起"人工智能生成图"著作权侵权纠纷案，并做出一审判决最终，认定被告侵害了原告就涉案图片享有的署名权和信息网络传播权，应当在社交平台发布声明赔礼道歉，以消除影响，并在判决生效之日七日内赔偿原告经济损失 500 元。法院认为，该案中的人工智能生成图片体现了人的智力投入，具备"独创性"要素，并且体现了人的个性化表达，应当被认定为作品，受到著作权法保护。这也是我国首例涉及"AI 文生图"著作权案件。此外，AI生成的内容可能会被用于误导公众，例如制造假新闻或虚假信息。因此，随着技术的发展，社会需要制定相应的规范和法律来引导和监管生成式人工智能技术的合理使用。

目前，生成式人工智能正成为人类创造力的新伙伴，它不仅能够辅助人类艺术家创作出新作品，还能够独立创造出全新的艺术形式。随着技术的不断进步，可以预见，未来GenAI将在艺术创作、音乐制作、文学创作等领域发挥更加重要的作用，为人类文化的发展贡献新的力量。

二、伦理与版权问题

生成式人工智能技术的迅猛发展，为艺术创作、文学创作、音乐制作等领域带来了革命性的变化。艺术家和创作者们现在可以利用这些工具来生成独特的作品，从而拓展了人类的创意边界。然而，随着AI创作能力的增强，随之而来的伦理和版权问题也日益凸显，成为业界和社会关注的焦点。

生成式人工智能创作出与现实世界作品相似的内容时，可能会引发版权纠纷。例如，生成式人工智能绘画软件通过学习大量的艺术作品，能够创作出风格各异的画作。这些画作可能在视觉效果上与现实世界中的某些作品极为相似，甚至可能在某些情况下，生成式人工智能的创作与现存艺术作品的风格、构图、色彩等元素高度重合。这不仅可能侵犯了原画师的版权，还可能引起公众对于"创作"和"模仿"之间界限的质疑。

在文学领域，生成式人工智能同样能够通过分析大量的文本数据，创作出具有特定风格的小说、诗歌等文学作品。这些作品可能在情节、人物设定、语言风格等方面与现实中的作品存在相似之处。如果生成式人工智能的创作基于受版权保护的作品，那么它可能会无意中复制了原作的独创性表达，从而引发版权纠纷。

版权法的核心在于保护创作者的独创性劳动成果，防止他人未经授权的复制和使用。然而，生成式人工智能作为一种工具，其创作过程与人类创作过程存在本质区别。生成式人工智能创作的"作者"是编写算法的程序员和提供数据的数据库，而非传统意义上的创作者。这就使得确定责任主体和权利归属变得复杂。如果生成式人工智能创作的作品侵犯了他人的版权，那么责任应该由谁承担？是生成式人工智能的开发者、使用者，还是生成式人工智能本身？

此外，生成式人工智能创作的伦理问题也不容忽视。一方面，生成式人工智能创作可能会导致"深度伪造"（DeepFake）现象的泛滥，即利用 AI 技术生成虚假的音频、视频或图像，这些内容可能被用于误导公众、诽谤他人或进行其他不道德的行为。另一方面，生成式人工智能创作可能会对人类创作者的生计造成威胁。如果生成式人工智能能够以低成本创作出高质量的作品，那么这可能会对艺术家、作家等创意工作者的职业造成冲击，影响他们的收入和创作动力。

为了解决这些问题，业界和法律界已经开始探讨和制定相应的规范和法律。例如，一些国家和地区正在考虑为生成式人工智能创作的作品制定特殊的版权规则，以明确责任归属和权利分配。同时，也有声音呼吁加强对生成式人工智能创作的伦理审查，确保其不会侵犯他人权益，不会用于不道德的目的。

一方面，生成式人工智能的创新为人类带来了前所未有的创作工具，另一方面，生成式人工智能也带来了版权和伦理方面的挑战。要解决这些问题，我们势必需要技术、法律和伦理等各方面的共同努力，以确保生成式人工智能技术能够在不侵犯他人权益的前提下，为人类社会带来积极影响。

三、职业风险与就业影响

随着生成式人工智能技术的成熟，一些创造性职业面临被机器取代的风险。例如，新闻写作、广告文案等领域的工作可能被生成式人工智能所取代，这将对从事这些职业的人群产生重大影响。同时，这也引发了关于如何重新培训这些受影响的工作者的讨论。

现实例子 2025 年 5 月 20 日国际劳工组织发布研究报告指出，生成式 AI 正在重塑职场格局。全球约 25% 的工作岗位面临生成式人工智能的潜在影响，其中高收入国家受冲击比例更高达 34%。在这场科技浪潮中，文职类岗位成为"重灾区"，从行政文秘到数据录入等重复性工作首当其冲。值得警惕的是，这类岗位曾是发展中国家女性就业的重要渠道，报告特别指出女性从业者面临更高失业风险。此外，媒体内容创作、软件开发、金融分析等高度数字化领域，也因 AI 技术的快速渗透而进入风险清单。

生成式人工智能技术的崛起，不仅在艺术领域引起了波澜，更在新闻、广告、娱乐等多个行业掀起了变革的浪潮。生成式人工智能的介入，使得内容创作变得更加高效和便捷，但同时对人类工作者也带来了挑战。在新闻行业，生成式人工智能已经能够快速生成新闻稿件，甚至在某些情况下，其速度和准确性超过了人类记者。在广告行业，AI 可以分析大量数据，生成针对性极强的广告文案，这无疑提高了广告制作的效率，但也让广告文案撰写者面临失业的风险。

这种技术进步带来的职业变革，迫使我们思考如何帮助这些受影响的工作者适应新的工作环境。重新培训成为一个重要的议题。对于新闻工作者来说，他们需要学习如何与生成式人工智能合作，利用生成式人工智能进行数据收集和初步分析，而将更多的时间和精力投入到深度报道和调查性新闻中。对于广告文案撰写者，他们需要掌握如何利用生成式人工智能工具进行市场趋势分析，同时提升自身的创意和策略规划能力，以保持在行业中的竞争力。

然而，重新培训并非易事。它不仅需要个人的努力，还需要政府、教育机构和企业的共同努力。政府需要出台相应的政策，为受影响的工作者提供培训补贴和转职支持。教育机构需要更新课程内容，将人工智能相关知识纳入课程体系，为学生提供就业市场所需的技能。企业则需要为员工提供在职培训学习机会，帮助他们适应新的工作要求。

除了重新培训，我们还需要思考如何在技术进步和人类工作之间找到平衡。一方面，我们需要充分利用生成式人工智能带来的便利，提高生产效率和创新能力；另一方面，我们也需要保护人类工作者的权益，确保技术进步不会导致大规模的失业和社会不稳定。

在这一过程中，伦理和法律问题也不容忽视。例如，深度伪造技术的滥用，不仅威胁到个人隐私和信息安全，还可能对社会秩序造成破坏。因此，我们需要制定相应的法律法规，规范生成式人工智能技术的使用，防止其被用于非法和不道德的目的。

总之，生成式人工智能技术的发展，为社会带来了前所未有的机遇和挑战。我们需要积极应对，通过教育、培训和政策支持，帮助受影响的工作者适应新的工作环境，同时确保技术进步能够惠及社会每一个角落。只有这样，我们才能在人工智能时代实现可持续发展，构建更和谐、繁荣的未来。

— 第三节 —
困在算法里的逆行人生

在数字化时代浪潮中，算法不仅重塑了世界的运作方式，更在无形中影响着人们的生活轨迹。当谈论困在算法里的逆行人生时，我们必须探讨技术与命运交织的复杂图景。

一、算法歧视

算法歧视是指基于算法的决策系统在处理数据时可能无意中放大了现有的偏见和歧视。随着人工智能和机器学习技术的快速发展，算法在各个领域中的应用变得越来越广泛，从招聘、信贷审批到司法判决，算法决策正影响着我们的日常生活。然而，这些算法并非中立，它们的决策往往反映了训练数据中的偏见，甚至有时会加剧这些偏见。

例如，在招聘过程中，一些公司使用算法筛选简历，以期提高招聘效率并减少人为偏见。然而，如果算法训练数据存在性别或种族偏见，那么算法的决策也可能带有偏见，从而减少某些群体的就业机会。这种偏见可能源于历史数据中的不平等现象。比如，某些群体在历史上获得的教育机会较少，或者在特定行业中的代表性不足。算法通过学习这些数据，可能会错误地将这些群体与较低的工作表现联系起来，从而在招聘过程中对这些群体产生不利影响。

在信贷审批领域，存在算法歧视。银行和金融机构使用算法来评估贷款申请者的信用风险，决定是否批准贷款以及贷款的利率。如果算法训练数据中存在对某些种族或社会经济群体的偏见，那么这些群体可能会面临更高的贷款利率或更严格的贷款条件，甚至被拒绝贷款。这种歧视不仅会加剧社会不平等，还可能限制某些群体的经济机会。

司法系统中的算法歧视同样令人担忧。在美国，一些司法系统使用算法来预测犯罪风险，帮助法官决定是否释放嫌疑人等待审判或者是否给予缓刑。然而，如果这些算法的训练数据包含了对某些社区或种族的偏见，那么算法可能会错误地将这些群体与高风险犯罪联系起来。结果是，某些群体可能会面临更严厉的判决或者在保释过程中受到不公正对待。

算法歧视的根源在于数据和算法设计。数据中的偏见可能源于历史不平等、社会结构问题或数据收集过程中的偏差。算法设计者如果未能充分考虑这些因素或未能采取措施来识别和纠正偏见，那么算法就可能无意中复制甚至放大这些偏见。此外，算法的"黑箱"特性使其决策过程不透明，难以追踪和解释，这进一步加剧了算法歧视的问题。

为了应对算法歧视，我们需要采取多方面措施。首先，数据收集和处理过程中必须确保公平性和多样性，避免引入新的偏见。其次，算法设计者需要采用更公正和透明的算法设计方法，比如使用去偏算法技术来减少训练数据中的偏见。

再次，需要建立有效的监管机制，确保算法决策的透明度和可解释性，以便监督和审查。最后，公众和利益相关者应参与到算法的设计和评估过程中，以确保算法决策符合社会伦理和公平原则。

值得注意的是，算法歧视是一个复杂而深刻的问题，它不仅关系到技术的公正性，还关系到社会的公平与正义。随着算法在社会中的作用日益增强，我们必须认真对待算法歧视问题，采取积极措施来确保技术的发展能够惠及所有人，而不是加剧现有不平等。

二、对个人隐私的侵犯

在当今数字化时代，算力的增强已成为推动技术进步的关键因素之一。算力，即计算能力，是指计算机系统处理数据和执行计算任务的能力。随着处理器性能的提升、云计算资源的普及以及人工智能算法的不断优化，算力得到了前所未有的增强。这种增强使得算法能够处理和分析大量数据，从而在各个领域实现突破性进展。然而，算力的增强带来了不容忽视的隐私问题，尤其是在个性化服务日益普及的背景下。

个性化服务，如智能助手、推荐系统、个性化广告等，已经成为现代互联网体验不可或缺的一部分。这些服务通过分析用户的个人数据，如搜索历史、购买记录、位置信息、语音指令和个人偏好等，来提供更加贴合用户需求的内容和产品。例如，智能助手能够根据用户的日程安排提醒会议时间，推荐系统能够根据用户的观看历史推荐电影或音乐，个性化广告可根据用户的浏览习惯展示相关产品。

然而，为了实现这些服务的个性化，算法需要收集和处理大量的个人数据。这些数据的收集需要用户的同意，但实际操作中，用户往往在不完全了解数据使用方式的情况下，被要求同意复杂的隐私政策。这些隐私政策通常包含冗长且难以理解的法律术语，用户很难完全理解其含义，更不用说充分同意了。此外，一些服务提供商可能会利用其市场主导地位，使用户在使用服务和保护隐私之间做出非此即彼的选择，从而在事实上剥夺了用户的选择权。

更为严重的是，即使用户同意了数据的收集和使用，也无法完全保证这些数据不会被滥用。数据泄露事件时有发生，用户的敏感信息可能落入不法分子之手，导致诸如身份盗窃、财产损失等严重后果。此外，即使在合法范围内，用户数据也可能被用于不道德目的，如操纵用户行为、进行不公平的市场定位等。

为了应对这些挑战，我们需要从多个层面采取措施。首先，需要加强法律法规的建设，确保用户数据的收集和使用有明确的法律依据，并确保用户能够充分理解数据会如何被使用。例如，欧盟的通用数据保护条例就为用户提供了更多的数据控制权，并对违反隐私规定的企业施以重罚。

其次，技术手段也可以帮助保护用户隐私。例如，差分隐私技术可以在不泄露个人具体信息的情况下，提供数据集的统计信息；同态加密技术允许在加密数据上直接进行计算，从而在保护数据隐私的同时进行数据分析。

最后，用户自身也需要提高隐私保护意识。用户应当仔细阅读隐私政策，了解自己的数据如何被收集和使用，并根据自己的隐私偏好做出选择。同时，用户应当采取措施保护自己的数据安全，如使用复杂密码、定期更新软件、谨慎分享个人信息等。

算力的增强为个性化服务的发展提供了强大动力，但同时也带来了个人隐私保护的新挑战。我们只有通过在法律、技术和用户教育等多方面的共同努力，才能在享受个性化服务带来便利的同时，有效保护个人隐私不受侵犯。

三、自主性的丧失

在当今社会，算法已渗透到日常生活的方方面面，从简单的日常任务到复杂的决策过程，算法都发挥着越来越重要的作用。然而，随着算法的普及和对算法依赖程度的加深，人们可能会逐渐丧失自主决策的能力。这种现象在很多方面都有所体现，其中明显的例子之一就是导航软件的使用。

导航软件如谷歌地图为我们的出行提供了极大便利，它们能够根据实时交通状况推荐最佳路线，帮助我们避开拥堵，节省时间。然而，这种便利也带来了一个问题：用户往往不加思考地遵循算法的指示，即使有时候这些指示并非最优选择。例如，导航软件可能会推荐一条虽然路程较短但限速较低的道路，而用户可能没有意识到，选择一条限速较高但路程稍长的道路可能会更快到达目的地。这种对算法的过度依赖，使得人们在面对没有算法指导的情况时，难以做出独立的决策。

另一个现实例子是信贷评分算法。信贷评分算法是评估个人信用风险的重要工具，它帮助银行和其他金融机构决定是否以及以何种条件向个人提供贷款。然而，这些算法可能因为数据偏见而产生歧视。例如，如果一个算法主要基于用户的邮政编码来评估信用风险，那么居住在低收入地区的用户可能会受到不公平的对待，因为他们的邮政编码可能与高风险相关联。这不仅影响了个人的贷款机会，也反映了算法在社会经济决策中的潜在负面影响。

信贷评分算法的偏见问题揭示了一个更深层次的问题：算法并非中立，它们往往反映了设计者和数据的偏见。算法的设计者可能会无意中将自己的偏见带入算法中，或者算法所依赖的数据本身就存在偏见。例如，如果历史数据中低收入地区的贷款违约率较高，算法可能会将这种趋势内化，并在未来的评分系统中对来自这些地区的用户不利。这种基于历史数据的预测可能会加剧社会财富差距，因为算法的决策会进一步限制低收入群体提高个人财富的机会。

此外，算法的普及还可能导致人们在决策过程中变得越来越懒惰。当算法能够提供快速、看似准确的答案时，我们可能会放弃深入思考和分析问题。这种依赖性不仅限于个人层面，还可能影响整个社会的决策质量。如果决策者过度依赖算法，忽视了人类的直觉和经验，那么在面对复杂和多变的情况时，其可能会做出不恰当的决策。

为了应对这种过度依赖算法的问题，我们需要采取一些措施。首先，教育和培训是关键。公众和决策者需要科普了解算法的工作原理以及它们可能存在的局限性和偏见。其次，算法的设计和实施需要更透明和可解释。算法的决策过程应该能够被审查和质疑，以便发现并纠正潜在的偏见和错误。最后，人们在使用算法的同时，应保持批判性思维和独立判断的能力。只有这样，我们才能确保算法成为提高决策质量的工具，而不是削弱我们自主决策能力的障碍。

显然，算法在现代社会中扮演着越来越重要的角色，但也必须警惕它们可能带来的负面影响。通过教育、透明度和批判性思维，人们可以最大限度地发挥算法的积极作用，同时避免它们对我们的自主决策能力造成损害。只有这样，才能确保技术的进步真正服务于人类的福祉，而不是成为限制个人的枷锁。

第八章

算力的多场景应用
与霸权产生

CHAPTER 8

随着信息技术的飞速发展，算力已成为现代社会不可或缺的资源。算力霸权指的是在特定领域或行业中，拥有强大计算能力的个体或组织能够主导市场、技术发展和决策过程。本章将探讨算力霸权在农业、工业和服务行业中的表现，并结合现实例子进行论述。

— 第一节 —
算力霸权在农业的表现

一、智能化农业管理

在科技飞速发展的当代，算力已成为推动各行各业进步的重要力量。农业作为人类社会的基础产业，也正经历着一场由算力驱动的革命。算力在农业中的应用，使得农业生产管理变得更加智能化和精准化。通过大数据分析和机器学习算法，农业生产者可以预测天气变化、病虫害暴发和作物生长周期，从而做出更合理的种植决策。例如，美国的约翰·迪尔（John Deere）公司开发的智能农业设备，能够利用卫星定位和实时数据分析技术，为农民提供精准的播种、施肥和收割建议。

首先，算力在农业中的应用极大地提高了天气预测的准确性。传统的天气预报依赖于气象站的数据，但这些数据往往有限且不够精确。现代算力技术能够处理来自卫星、气象站、无人机等多种来源的海量数据，通过复杂的算法模型，可以更准确地预测天气变化，为农业生产提供及时的气象信息。这不仅有助于农民合理安排农事活动，还能减少因天气突变造成的损失。

其次，算力技术在病虫害监测和预警方面也发挥了重要作用。通过安装在田间的传感器和无人机搭载的摄像头，农民可以实时监测作物的生长状况和病虫害情况。利用机器学习算法，系统可以识别出病虫害的早期迹象，并及时向农民发出警报。这使得农民能够迅速采取措施，有效控制病虫害的蔓延，减少农药的使用量，提高作物的产量和质量。

最后，算力技术在作物生长周期的预测和管理上也展现出巨大潜力。通过分析历史数据和实时数据，算法模型可以预测作物的最佳播种时间、生长速度和成熟期。这使得农民能够根据预测结果，调整种植计划和管理策略，实现作物的高产和优质。例如，通过精确控制灌溉和施肥的时间和量，农民可以确保作物在关键生长期获得充足的养分，从而提高产量和品质。

　　智能农业设备的开发和应用是算力在农业中应用的另一个重要方面。以约翰·迪尔公司为代表的农业机械制造商，已经开发出一系列智能农业设备。这些设备通常配备有先进的传感器、GPS 定位系统并具有实时处理数据的能力。例如，智能播种机可以根据土壤类型、湿度和作物需求，自动调整播种深度和密度。智能施肥机能够根据作物的实际生长状况和土壤养分含量，精确施放肥料，既节约了资源，又提高了肥料的利用率。

　　收割环节同样受益于算力技术的应用。智能收割机可以利用机器视觉和传感器技术，识别作物的成熟度，并自动调整收割速度和强度，以减少作物损失、提高收割效率。收割后的数据分析还能帮助农民评估作物的产量和品质，为下一季的种植提供参考。

　　算力技术在农业中的应用不只限于生产环节，还适用于供应链管理和市场分析。通过收集和分析农产品的销售数据、价格波动和消费者偏好，算力技术可以帮助农民和农业企业做出更明智的市场决策。例如，通过预测市场需求，农民可以调整种植结构和产量，以适应市场变化，提高收益。

　　总之，算力技术正深刻地改变着农业生产方式，使农业变得更智能化、更精准化。通过大数据分析和机器学习算法，农业生产者可以更好地预测天气、监测病虫害、管理作物生长周期，并利用智能农业设备提高生产效率和产品质量。未来，随着算力技术的不断发展和应用，农业将变得更加高

效、可持续和环境友好，为人类社会的可持续发展做出更大
贡献。

二、农作物基因组学研究

算力的提升极大地加速了农作物基因组学的研究进程。
随着计算技术的飞速发展，科学家现在能够利用前所未有的
计算能力，快速分析和比较不同农作物的基因序列。这种能
力的提升，使得研究人员能够深入挖掘基因组数据，发现与
特定性状如抗病、高产、耐旱、耐盐碱等相关的基因。这些
发现为农作物改良和新品种的培育提供了重要的科学依据和
可能。

在农作物基因组学的研究中，算力的作用体现在多个方
面。首先，强大的计算能力使得基因组测序的速度和准确性
大幅提升。基因组测序是理解农作物遗传特性的基础，通过
高通量测序技术，科学家可以快速获得农作物的全基因组序
列。随后利用高性能计算平台，对这些数量庞大的基因组数
据进行快速处理和分析，从而识别出与特定性状相关的基因
变异。

其次，算力的提升还使得复杂的生物信息学分析成为可
能。生物信息学是应用计算机科学和数学方法来分析生物数
据的学科。通过强大的算力，研究人员可以运行复杂的算法，
对基因表达数据、蛋白质相互作用网络等进行深入分析。这

些分析有助于揭示基因如何在不同环境条件下调控农作物的生长发育，以及如何影响农作物的产量和质量。

最后，算力的提升促进了农作物基因组编辑技术的发展。基因组编辑技术如CRISPR-Cas9系统，允许科学家在特定基因位点进行精确的编辑。通过强大的计算能力，研究人员可以设计出特定的RNA导向分子，引导Cas9蛋白到达目标基因位点，实现对基因的精确修改。这种技术的应用，使得农作物改良变得更加高效和精确，大大缩短了新品种从研发到市场的时间。

算力的提升还为农作物的多组学研究提供了可能。多组学研究是指同时分析多个层面的生物信息，如基因组学、转录组学、蛋白质组学和代谢组学等。通过整合这些不同层面的数据，研究人员可以更全面地理解农作物的生物学特性，以及这些特性是如何在分子水平上相互作用和调控的。强大的计算能力使得处理和分析这些复杂数据成为可能，从而为作物改良提供了更为丰富的信息资源。

很显然，算力的提升极大地推动了农作物基因组学的研究，加速了新品种的培育进程。通过强大的计算能力，科学家能够快速分析和比较不同作物的基因序列，发现与重要性状相关的基因，为农作物改良提供科学依据。同时，算力的提升还促进了基因组编辑技术的发展和多组学研究的深入，为未来农业的可持续发展奠定了坚实的基础。随着计算技术的不断进步，我们有理由相信，农作物基因组学的研究将会迎来更加辉煌的未来。

三、农业供应链优化

在数字化时代，算力的使用已渗透到各行各业，农业供应链管理也不例外。随着物联网、大数据、人工智能等技术的发展，算力在农业供应链管理中的应用变得越来越广泛，为农业的可持续发展提供了新的可能性。

首先，算力的使用可以显著提高农业供应链的透明度。通过部署传感器和监控设备，农民可以实时收集农田的环境数据，如土壤湿度、温度、光照强度等。这些数据通过无线网络被传输到云端，利用强大的计算能力进行分析，农民可及时了解作物生长状况，从而做出科学的灌溉、施肥等决策。此外，通过区块链技术，农民可以实现农产品从田间到餐桌的全程追溯，确保食品安全，提升消费者消费信心。

其次，算力的使用可以优化农业供应链的资源配置。通过大数据分析，相关组织可以更准确地预测市场需求，从而指导农业生产。例如，阿里巴巴集团通过其电商平台收集的大量消费数据，可帮助农民了解市场趋势、优化种植结构。同时，算力还可以帮助优化物流配送，通过智能调度系统，实现农产品的快速、高效配送，降低物流成本。

再次，算力的使用可以提高农业供应链的响应速度。在传统的农业供应链中，信息传递往往存在滞后性，导致生产与市场需求不匹配。而利用算力，农民可以实现供应链各环节的信息实时共享，快速响应市场变化。例如，当某个地区的农产品出现短缺时，系统可以立即通知其他地区的农户增加生产，或者调整物流资源，确保供应稳定。

从次，算力还可以帮助农业供应链实现精准农业。通过分析历史数据和实时数据，农民可以预测病虫害的发生，采取精准的防治措施，减少农药的使用，保护生态环境。同时，算力还可以帮助农民进行精准施肥和灌溉，提高资源利用效率，减少环境污染。

最后，算力的使用可以促进农业供应链的创新。随着人工智能、机器学习等技术的发展，算力可以驱动农业供应链管理的智能化升级。例如，通过机器学习算法，农民可以对农业生产的各个环节进行优化，提高生产效率。同时，算力还可以推动农业金融服务的发展，为农民提供更加精准的金融支持，帮助他们解决资金难题。

综上所述，算力的使用在优化农业供应链管理方面具有巨大潜力。农民通过实时数据监控和分析，不仅可以减少浪费，提高效率，还可以促进农业的可持续发展。随着技术的不断进步，算力在农业领域的应用将会越来越广泛，为农业的现代化转型提供强有力的支持。

— 第二节 —
算力霸权在工业的表现

一、智能制造与工业 4.0

当前，智能制造与工业 4.0 的概念已经深入人心。这些概念的核心在于通过高度的自动化和数据交换来实现生产过程的智能化。这一切的基础，便是算力的强大支持。算力的提升，使得机器能够进行复杂的数据分析、自主学习并优化生产过程，极大地提高了生产效率和产品质量。

在智能制造的时代背景下，算力不仅仅是指单个计算机的处理能力，更包括了整个生产系统中所有计算资源的集合。强大的算力资源能够支持大数据分析、机器学习算法和复杂的模拟仿真，这些都是实现智能制造不可或缺的技术。

智能制造和工业 4.0 的实现，需要机器能够实时收集和分析生产过程中的各种数据，包括机器状态、生产参数、环境条件等。这些数据的处理和分析需要强大的算力作为支撑。只有当机器能够快速准确地处理这些数据，才能实现生产过程的实时监控和优化，从而达到提高效率和质量的目的。

德国的西门子公司是全球知名的工业巨头，它在推动智能制造和工业 4.0 方面扮演了重要角色。西门子不仅在硬件设备上拥有深厚的技术积累，更在软件和算力资源方面具有显著优势。其通过先进的工业软件和算力资源，为制造业客户提供了从产品设计、生产制造到维护服务的全生命周期解决方案。

在产品设计阶段，西门子的软件能够帮助工程师进行复杂的三维建模和仿真，优化产品设计，减少设计错误，降低生产成本。在生产制造阶段，西门子的智能制造系统能够实时监控生产线上的每一台机器，收集生产数据，并利用强大的算力进行分析，以实现生产过程的优化。此外，西门子还提供预测性维护解决方案，通过分析机器运行数据预测潜在故障，从而减少停机时间，提高生产效率。

西门子的算力资源不限于单个工厂内部，还通过云计算平台将算力资源扩展到全球范围。这意味着即使是分布在不同地理位置的工厂，也能够共享算力资源，实现数据的集中管理和分析。这种集中式的算力资源管理，不仅提高了资源使用效率，还能够帮助客户降低运营成本。

在工业 4.0 的背景下，西门子还积极推动物联网技术的应用。通过将各种传感器和设备连接到互联网，西门子的智能制造系统能够实时收集和处理来自生产现场的海量数据。这些数据经过算力资源的分析处理后，可以转化为有价值的生产洞察，指导生产决策，实现生产过程的智能化。

此外，西门子还注重与客户的合作，通过提供定制化的解决方案来满足不同客户的特定需求。例如，西门子的工程师团队会与客户紧密合作，了解客户的生产流程和业务需求，然后利用西门子的算力资源和工业软件，为客户量身定制智能制造解决方案。

可以说，算力是实现智能制造和工业 4.0 的关键。西门子通过其先进的工业软件和算力资源，为制造业客户提供了全面的智能制造解决方案，帮助客户实现生产过程的自动化、智能化和高效化。随着技术的不断进步，算力资源将会更加丰富，智能制造和工业 4.0 的未来将更加光明。

二、高性能计算在材料科学中的应用

算力的提升使得材料科学领域取得了突破性进展。通过模拟和计算，研究人员能够在分子层面上设计新材料，缩短研发周期，降低成本。例如，美国国家超级计算应用中心（NCSA）利用超级计算机模拟材料的微观结构，帮助科学家开发出更轻、更强、更耐用的合金材料。

如今，算力的提升已成为推动多个科学领域进步的关键因素之一。特别是材料科学领域，算力的增强为研究人员提供了前所未有的协助，使他们能够在分子层面上设计新材料，从而实现突破性进展。这种进步不仅缩短了研发周期，还显著降低了成本，加速了新材料从实验室到市场的转化过程。

NCSA 是这一领域中的佼佼者。该中心位于伊利诺伊大学厄巴纳–香槟分校，自 1985 年成立以来，一直是高性能计算和网络技术的领导者。NCSA 的超级计算机，如著名的 Blue

Waters（蓝水），拥有强大的计算能力，能够处理复杂的模拟和计算任务。这些超级计算机的算力使得研究人员能够深入探索材料的微观结构，从而在分子层面上设计出性能更优越的新材料。

例如，通过超级计算机的模拟，研究人员可以详细观察材料内部的原子排列和化学键合情况。超级计算机可以模拟不同的温度、压力条件对材料性能的影响，以及材料在各种环境下的反应。这种模拟不仅帮助科学家理解现有材料的性能限制，还能够预测新材料的潜在优势。通过这种方式，研究人员能够设计出更轻、更强、更耐用的合金材料，这些材料在航空航天、汽车制造、能源生产等领域具有广泛的应用前景。

在航空航天领域，轻质而强度高的材料对于提高飞行器的性能至关重要。通过超级计算机的模拟，研究人员能够设计出新型合金，这些合金在保持高强度的同时，重量却大大减轻。这样的材料可以显著提高飞行器的燃油效率，减少排放，同时还能提升载荷能力。在汽车制造领域，这样的材料同样具有革命性意义，它们可以用于制造更安全、更节能的汽车。

在能源生产领域，新材料的研发同样至关重要。例如，超级计算机可以帮助研究人员设计出更高效的太阳能电池板材料和更耐用的风力涡轮机叶片。这些新材料可以提高能源转换效率，降低能源生产成本，从而推动可再生能源的普及和应用。

除了合金材料，算力的提升还使得研究人员能够探索更多种类的材料，包括陶瓷、聚合物、复合材料等。每种材料都有其独特的性能和应用领域，而超级计算机的模拟和计算能力为这些材料的开发提供了强大的支持。研究人员可以利用超级计算机模拟材料在极端条件下的表现，比如在高温高压环境下的稳定性或者在强辐射环境下的耐久性。这些模拟结果对于材料的实际应用至关重要，它们确保了新材料在实际使用中的可靠性和安全性。

此外，算力的提升还促进了材料科学与其他学科的交叉融合。通过与化学、物理学、生物学等学科的结合，研究人员可以开发出具有特殊功能的智能材料。这些材料能够响应外部刺激，如温度、湿度、光照等，从而实现自我调节和适应环境变化。智能材料在生物医学、环境监测、智能穿戴设备等领域具有广泛的应用潜力。

总之，算力的提升为材料科学领域带来了革命性变化。通过超级计算机的模拟和计算，研究人员能够在分子层面上设计新材料，这不仅缩短了研发周期，降低了成本，还推动了材料科学的边界的拓展。

三、供应链与物流优化

算力已成为工业领域中不可或缺的资源。它不仅在产品设计、生产制造中发挥着关键作用，而且在供应链和物流管理方面也扮演着至关重要的角色。通过利用先进的数据分析技术和预测模型，企业能够更精准地把握市场脉动，从而优化库存水平、减少不必要的库存积压、降低运输成本，并最终提升整个供应链的效率和响应速度。

以全球电商巨头亚马逊为例，该公司通过构建和利用强大的算力资源，实现供应链和物流管理的革命性优化。亚马逊的算力资源不仅支持其庞大的在线零售业务，还支撑着其复杂的物流网络。亚马逊的算法能够实时分析大量数据，包括消费者购买行为、季节性需求变化、促销活动影响等，从而预测不同产品在不同地区的市场需求。

这种预测的准确性对于库存管理至关重要。亚马逊通过算力驱动的算法，能够实现精细化的库存控制，确保热门商品的充足供应，同时避免冷门商品的过度积压。这不仅减少了资金占用，还降低了因库存积压导致的仓储成本。此外，亚马逊还利用算力优化其配送路线。通过分析历史数据和实时交通状况，亚马逊的算法能够规划出最高效的配送路径，减少运输时间和成本，提高客户满意度。

除了亚马逊，其他企业也开始意识到算力在供应链和物流管理中的巨大潜力。例如，制造业巨头通用电气公司利用大数据分析和先进的预测模型来优化其全球供应链。通用电气公司通过分析全球各地的生产数据、供应链数据和市场趋势，能够预测设备和服务的需求，从而提前调整生产计划和库存策略，确保及时满足客户需求。

在汽车制造业，大众汽车集团利用算力资源对供应链进行优化。通过分析销售数据、生产计划和供应商信息，大众能够更灵活地调整生产计划，以应对市场变化。此外，大众还通过算力资源对物流过程实时监控，确保零部件和成品的及时配送，减少因物流延误造成的生产停滞。

在零售业，沃尔玛是利用算力优化供应链管理的典范。沃尔玛通过其庞大的数据处理中心，实时监控销售情况，并根据数据调整库存和补货策略。沃尔玛还利用算力资源对顾客购物行为进行分析，预测不同地区和门店的销售趋势，从而实现更精准的库存管理。

算力资源的使用不仅限于大型企业。随着云计算和大数据技术的普及，中小企业也开始利用这些技术来提升自身的供应链和物流管理能力。通过使用云服务提供商的算力资源，中小企业能够以较低的成本获得强大的数据处理能力，实现与大企业相似的供应链优化效果。

算力资源在工业领域的应用正变得越来越广泛，尤其在供应链和物流管理方面，为企业提供了前所未有的优化机会。通过大数据分析和预测模型，企业能够更准确地预测市场需求，减少库存积压和运输成本，从而提高整个供应链的效率和竞争力。

— 第三节 —
算力霸权在服务业的表现

算力霸权在服务业的表现日益显著，尤其是在金融、医疗和零售等领域。随着大数据和人工智能技术的广泛应用，服务型企业对计算能力的需求激增。拥有强大算力的服务型公司能够提供更快、更精准的服务，从而在竞争中占据优势。例如，金融服务机构利用算力进行高频交易和风险分析，医疗行业通过算力进行基因测序和疾病预测，零售业则通过算力优化库存管理和个性化推荐。算力霸权正成为服务业竞争的新焦点。

一、个性化推荐系统

算力的提升使得服务业能够提供更加个性化的服务。通过分析用户数据，推荐系统可以为用户提供定制化的产品和服务。例如，网飞公司利用其强大的计算能力分析用户的观看习惯，提供个性化的影片推荐，从而提高用户满意度和留存率。

在服务业中，个性化服务的提供往往依赖于对用户数据的深入分析。通过收集分析用户的行为数据、偏好数据以及反馈数据，企业能够更好地理解用户需求，从而提供更加符合用户期望的产品和服务。推荐系统就是这种个性化服务的典型应用。推荐系统通过算法分析用户数据，预测用户可能感兴趣的内容，并向用户推荐相应的产品或服务。这种系统在电子商务、在线广告、视频流媒体等多个领域都得到了广泛应用。

以网飞为例，这家全球知名的在线视频流媒体服务提供商，利用其强大的计算能力分析用户的观看习惯，为用户提供了个性化的影片推荐服务。网飞的推荐系统通过分析用户观看历史、搜索记录、评分和观看时长等数据，运用复杂的算法模型，如协同过滤、内容推荐和深度学习等，预测用户可能喜欢的影片类型和内容。这种个性化的推荐不仅提高了用户满意度，也显著提高了用户留存率。

网飞的推荐系统之所以能够成功，关键在于其背后强大的算力支持。算力的提升使得网飞能够处理和分析海量用户数据，快速响应用户行为的变化，并实时更新推荐列表。此外，算力的提升还使得网飞能够不断优化其推荐算法，提高推荐的准确性和多样性。例如，网飞曾公开表示，其推荐系统中使用了深度学习技术，通过构建复杂的神经网络模型来捕捉用户行为的细微差别，从而提供更加精准的个性化推荐。

除了网飞，其他许多服务型企业也在利用算力提升来优化其个性化服务。例如，电子商务平台亚马逊利用其强大的算力分析用户的购物习惯和浏览历史，向用户推荐他们可能感兴趣的商品；音乐流媒体服务如声田则通过分析用户的听歌习惯，提供个性化的音乐播放列表。这些服务不仅提高了用户的体验，也为企业带来了更高的用户黏性和商业价值。

然而，算力的提升和个性化服务的发展也为服务业带来了一些挑战和问题。隐私保护是其中最被人们关注的问题之一。随着企业收集和分析的用户数据越来越多，用户隐私泄露的风险也随之增加。因此，企业在利用算力提升个性化服务水平的同时，也需要采取有效措施保护用户隐私，确保数据的安全和合规使用。

此外，算力的提升也对企业的技术能力和基础设施提出了更高的要求。企业需要不断投资于硬件设备和软件技术，以保持其算力的领先地位。同时，企业还需要培养和吸引更多的数据科学家和工程师，以开发和维护先进的推荐系统和其他个性化服务技术。

总体而言，算力的提升为服务业提供了前所未有的发展机遇，使得企业能够提供更加个性化和精准的服务。通过分析用户数据，推荐系统可以为用户提供定制化的产品和服务，从而提高用户满意度和留存率。然而，企业在享受算力带来的好处的同时，也需要关注隐私保护、技术投资和人才培养等挑战，以确保在竞争激烈的市场中保持领先地位。

二、金融科技与风险管理

算力在金融服务业中的应用，使得金融机构能够更有效地进行风险管理和投资决策。通过大数据分析和机器学习算法，金融机构可以预测市场趋势，评估投资风险，优化资产配置。例如，高盛集团利用其先进的计算平台，对全球市场数据进行实时分析，为客户提供精准的投资建议。

首先，算力使得大数据分析成为可能。金融机构每天都会产生海量数据，包括市场数据、交易数据、客户信息等。这些数据如果能够得到有效的分析和利用，将为金融机构提供宝贵的洞察力。然而，传统的数据处理方法无法应对如此庞大的数据量，而算力强大的计算平台则可以快速处理这些数据，从中提取有价值的信息。例如，通过分析历史交易数据，金融机构可以发现潜在的市场趋势和模式，从而为投资决策提供科学依据。

其次，算力与机器学习算法的结合，为金融市场带来了革命性变化。机器学习算法能够从历史数据中学习，并预测未来的市场走势。金融机构可以利用这些算法来评估投资风险，预测股票价格、汇率变动等。例如，通过构建一个能够分析宏观经济指标、公司财报、新闻报道等多维度数据的机器学习模型，金融机构可以更准确地预测市场动态，从而制定更为有效的投资策略。

最后，算力还使得金融机构能够优化资产配置。在传统的资产管理中，资产配置往往依赖于经验丰富的投资经理的直觉和判断。然而，算力的应用使得这一过程可以更加科学和系统化。通过构建复杂的数学模型和算法，金融机构可以对不同资产的风险和收益进行量化分析，从而实现最优的资产配置。例如，通过使用蒙特卡洛模拟等方法，金融机构可以模拟出成千上万种市场情景，评估不同资产配置方案在各种情况下的表现，从而选择最合适的配置方案。

高盛集团作为全球领先的金融服务公司，在算力应用方面具有显著的优势。高盛利用其先进的计算平台，对全球市场数据进行实时分析，为客户提供精准的投资建议。高盛的算力平台不仅能够处理海量的市场数据，还能够结合复杂的金融模型和算法，为客户提供深度的市场洞察。例如，高盛的算法交易团队利用算力强大的计算平台，开发出能够自动执行交易策略的算法，这些算法能够在毫秒级别内做出交易决策，从而在高频交易领域占据优势。

除了高盛外，其他金融机构也在积极布局算力资源，以提升自身竞争力。例如，摩根大通利用其内部开发的机器学习平台，对信贷风险进行评估，从而更有效地管理贷款组合。贝莱德等资产管理公司利用算力强大的超级计算机，对全球资产进行优化配置，以实现最佳的投资回报。

算力在金融服务业中的应用，不仅提高了金融机构的风险管理能力和投资决策效率，还推动了金融服务的创新和升级。随着技术的不断进步，算力在金融领域的应用将会更加广泛、深入，为金融机构带来更多机遇和挑战。

三、智能客服与服务自动化

算力的使用还推动了服务行业的自动化和智能化。通过自然语言处理和机器学习技术，智能客服系统能够理解并回应客户的需求，提高服务自动化率。

首先，算力的增强使得数据处理能力大幅提升，这为服务行业提供了强大的后盾。服务行业涉及的领域广泛，包括但不限于金融、教育、医疗、零售等。在这些领域中，数据是核心资源，而算力则是挖掘数据价值的关键。例如，在金融行业，算力的提升使得金融机构能够处理和分析海量交易数据，从而帮助金融机构更有效地进行风险评估和投资决策。在医疗领域，强大的算力支持了复杂的生物信息学分析，帮助医生更准确地诊断疾病，并为患者提供个性化的治疗方案。

其次，算力的使用推动了服务行业的自动化。在零售行业，自动化的库存管理系统能够实时监控库存状态，预测需求变化，自动下单补货，大大提高了供应链的效率。在客服领域，智能客服系统通过自然语言处理和机器学习技术，能够理解并回应客户的需求，提供全天候的在线服务。例如，谷歌的智能助手Google Assistant，通过语音识别和自然语言理解技术，能够与用户进行流畅的对话，解答问题，提供帮助，从而极大提高了服务效率和用户体验。

最后，算力的提升还促进了服务行业的智能化。智能化服务不仅能够提供标准化的服务，还能够根据用户的个性化需求提供定制化的解决方案。例如，在教育行业，智能教育平台能够根据学生个体的学习习惯和掌握程度，提供个性化的学习计划和资源推荐。在旅游行业，智能推荐系统能够根据用户的偏好和历史行为，提供个性化的旅游路线和住宿建议。

算力的使用还推动了服务行业的创新。随着云计算、大数据、人工智能等技术的发展，服务行业出现了许多新兴的商业模式和服务方式。例如，共享经济模式的兴起，就是算力支持下的大数据分析和匹配技术的直接结果。共享经济通过算法优化资源的分配，使得资源的利用效率得到极大提升，同时也为用户提供了更加便捷和经济的服务。

然而，算力的使用也带来了一些挑战和问题。随着自动化和智能化程度的提高，一些传统的工作岗位可能会被机器取代，这将对就业市场产生影响。因此，如何在推动技术进步的同时，确保劳动力市场的平稳过渡，是社会需要面对的重要课题。此外，随着数据量的激增，数据安全和隐私保护也成为不容忽视的问题。如何在保护用户隐私的前提下，合理利用数据资源，是服务行业亟待解决的关键问题。

总之，算力的使用正深刻改变服务行业的面貌，推动服务行业的自动化和智能化发展。这不仅提高了服务效率，改善了用户体验，还促进了服务行业的创新和发展。然而，面

对由此带来的挑战和问题，社会需要采取相应的措施，确保
技术进步能够惠及每一个人，同时保护好个人的隐私和数据
安全。

第九章

算力霸权的发展趋势

CHAPTER 9

随着人工智能、大数据分析和云计算等技术的快速发展，算力已成为现代社会的核心资源之一。本章将探讨算力霸权的发展趋势，以及它所带来的系统性风险、个人隐私泄露、数据垄断和算力剥削等问题。

— 第一节 —
算力安全的系统性风险

一、国家安全层面对算力的依赖性增强

在当今世界，随着科技的飞速发展，国家安全的定义和保障方式正经历深刻变革。信息化战争和网络空间的军事化使得算力成为国家安全的重要组成部分。算力不仅关系到一个国家的科技竞争力，还直接关系到其军事、经济和社会的稳定运行。下面，我们将从几个方面详细论述算力在国家安全层面的重要性，并结合现实例子进行说明。

1. 算力与信息化战争

信息化战争是现代战争的主要形态，而算力则是信息化战争的核心资源。在信息化战争中，从情报收集和分析到指挥控制、精确打击，每一个环节都离不开强大的计算能力。例如，美国的 F-35 战斗机，被称为"世界上最先进的战斗机"之一，其作战效能很大程度上依赖于机载计算机的算力。这些计算机能够处理大量的传感器数据，实时分析战场情况，并即时为飞行员提供决策支持。

现实例子 2023 年，中美量子计算竞争进入新阶段。中国科学技术大学团队成功研发"九章三号"光量子计算机，在解构高斯玻色取样问题时，比全球最快超算"前沿"快 1 亿亿倍，并首次实现 255 光子操控，逼近"量子优越性"实用化拐点。与此同时，美国 IBM 推出 1121 量子比特的 Condor 处理器，其量子纠错技术将逻辑量子比特错误率降至 0.001%，已应用于洛克希德·马丁公司的导弹轨迹优化系统。值得关注的是，中国在量子通信领域实现突破：2024 年 3 月，"济南-合肥"量子骨干网投入运营，通过"墨子号"卫星中继，实现全球首个跨 2000 千米的量子密钥分发，金融、电网等核心部门已部署相关加密设备。美国商务部则于 2024 年 4 月将中国 8 家量子计算实体列入出口管制清单，凸显该技术对国防与经济安全的战略价值。

2. 算力与网络空间安全

网络空间的军事化使得网络攻击和防御成为国家安全的新领域。强大的算力是进行有效网络防御的关键。例如，通过强大的计算能力，人们可以快速识别和响应网络攻击，保护关键基础设施不受损害。同时，算力也是发动网络攻击的重要资源，例如，在进行大规模的分布式拒绝服务（DDoS）攻击时，需要大量的计算资源来生成和发送攻击流量。

现实例子 2023年8月，中国南方某省级电网调度中心遭受APT（高级持续性威胁）攻击，攻击者利用算力集群对电网工控系统发起"三重打击"：①通过AI生成的钓鱼邮件绕过传统防火墙；②使用量子计算模拟破解电力加密通信协议；③操控物联网僵尸网络（超50万台设备）发起DDoS攻击，峰值流量达3.2Tbps。国家电网启动"天盾"防御系统，依托天津、贵阳两大超算中心的混合算力（总计12EFLOPS），在0.8秒内完成攻击特征提取、流量清洗和漏洞修复，成功避免全省范围停电。

3. 算力与经济安全

算力不仅关系到军事安全，还与国家经济安全息息相关。在经济领域，算力被广泛应用于金融交易、市场分析、供应链管理等方面。例如，高频交易依赖高速算力来分析市场数据，并在毫秒级别内完成大量交易。算力的集中化使得金融市场更加依赖于少数几个拥有强大计算资源的公司和国家。

现实例子 国家数据局在 2024 年发布《全国一体化算力网应用优秀案例集》，其中指出，内蒙古和林格尔集群积极推进算电协同发展，建成 350 兆瓦算力中心，可承载 14.18 万标准机架，固定资产投资 110.57 亿元，收入 18 亿元，纳税 6820 万元，每月为客户节省成本超 1 亿元。同时，该集群采用"源网荷储一体化"模式，实现地市级就近供电、就地消纳的"绿电聚合供应"新模式，2024 年上半年绿电生产 4.5 亿度，为实现新建算力中心绿电占比超过 80% 目标提供支撑，既保障了算力产业的能源供应，又降低了成本，提高了产业的竞争力，促进了国家经济的稳定发展。

4. 算力与社会安全

算力在维护社会稳定和应对突发事件中也扮演着重要角色。例如，在公共卫生事件中，算力可以帮助分析疫情数据，预测疫情发展趋势，从而为政府决策提供科学依据。此外，算力还被用于城市交通管理、灾害预警和应对等社会安全领域。

现实例子 在新冠疫情期间，许多国家利用大数据和人工智能技术来分析疫情数据，预测疫情发展，优化资源分配。例如，我国利用大数据技术追踪确诊患者的行动轨迹，有效控制了疫情的扩散。这些都需要强大的计算资源作为支撑。

5. 算力的集中化与脆弱性

随着算力的集中化，关键基础设施和重要数据越来越依赖于少数几个数据中心或云计算平台。这种集中化趋势虽然提高了效率，但也增加了脆弱性。一旦这些关键节点遭受攻击或出现故障，可能会对国家安全造成重大影响。

现实例子 2018 年，亚马逊的云计算服务 AWS 发生大规模故障，导致包括网飞、照片墙和 Slack 在内的众多服务中断。这次事件凸显了云计算服务提供商在现代社会中的重要性，以及一旦这些服务出现问题，可能对依赖它们的企业和政府机构造成的影响。

综上所述，算力在国家安全层面的重要性日益凸显。从信息化战争到网络空间安全，从经济安全到社会安全，算力都扮演着不可或缺的角色。然而，算力的集中化也带来了新的挑战和风险。因此，各国需要在发展算力的同时，也要加强算力安全的防护措施，确保国家安全在信息化时代得到有效保障。

二、算力资源的不均衡分布

全球算力资源分布极不均衡，主要集中在少数国家和大型科技公司手中。例如，美国的硅谷是全球算力资源高度集中的地区。这种不均衡可能导致全球政治经济格局的进一步分化，加剧国家间的不平等。

算力资源的不均衡分布是一个全球性问题，它不仅影响着技术发展和创新的速度，还可能加剧国家间的经济和政治不平等。以下是对这一问题的详细论述。

1. 算力资源的集中与全球政治经济格局

这种集中化的算力资源分布，使得少数国家和企业在全球政治经济格局中占据了有利地位。它们不仅能够主导技术标准的制定，还能通过控制算力资源来影响全球信息流动和数据处理，从而在一定程度上加剧了全球政治经济的分化。

现实例子 1 硅谷位于美国加利福尼亚州，是全球高科技产业的发源地。这里汇集了谷歌、脸书、苹果、亚马逊等众多科技巨头，它们拥有庞大的数据中心和先进的计算资源。这些资源不仅支撑着这些公司的业务运营，还推动了全球范围内的技术创新和应用。

现实例子 2 深圳被誉为中国的"硅谷"。华为、腾讯、大疆等知名科技企业均在此设立总部或研发中心。深圳拥有庞大的数据中心和云计算基础设施，为我国的互联网、人工智能、大数据等技术的发展提供了强大的算力支持。

2. 算力资源不均衡加剧国家间的不平等

算力资源的不均衡分布加剧了国家间的不平等。发达国家和发展中国家在算力资源上的差距，导致了在科技发展和经济竞争力上的巨大鸿沟。

现实例子 1 非洲地区在算力资源方面远远落后于世界其他地区。例如，非洲的互联网普及率和网络速度普遍较低，这限制了当地个人和企业获取和利用算力资源的能力。这种差距使得非洲国家在全球数字经济中的竞争力较弱，难以与发达国家抗衡。

现实例子 2 印度虽然在信息技术领域取得了一定成就，但国家内部地区算力资源的分布仍然不均衡。印度的一些大城市如班加罗尔和孟买拥有较为先进的数据中心和云计算设施，但农村和偏远地区仍然缺乏足够的算力资源。这导致了印度国内不同地区间的数字鸿沟，影响了国家整体的科技发展和经济增长。

3. 算力资源不均衡对创新带来负面影响

算力资源的集中还可能对全球创新产生负面影响。虽然集中化的算力资源有助于推动技术快速创新，但这也可能导致创新的地域局限性，使得一些地区和国家难以获得足够的算力资源来支持自身的创新活动。

现实例子 为了应对算力资源不均衡的问题，中国正在努力推动算力资源的均衡分布。例如，中国政府提出了"东数西算"工程，旨在通过建设东西部数据中心，促进数据的跨区域处理，以减少对东部沿海等算力资源集中地区的依赖。通过这样的措施，中国希望在全国范围内优化算力资源的配置，支持中西部地区的发展，同时提升整体的创新能力和数字经济的竞争力。

4. 算力资源不均衡对数据安全和隐私的影响

算力资源的集中还可能引发数据安全和隐私方面的问题。由于大量数据的处理和存储集中在少数地区和企业手中，这可能会导致数据泄露和滥用的风险加大。

现实例子 为了应对数据安全和隐私问题，中国推出了《中华人民共和国个人信息保护法》，对数据处理和存储提出了严格的要求。它的实施在一定程度上推动了中国数据治理的规范化，但也对那些依赖集中算力资源处理数据的企业提出了挑战。

5. 应对策略与未来展望

为了缓解算力资源不均衡分布的问题，各国政府和国际组织正采取一系列措施。例如，推动云计算和数据中心的全球布局，鼓励跨国合作，以及制定相应的政策和法规来促进算力资源的均衡发展。

现实例子 我国提出的"一带一路"倡议，不仅包括基础设施建设，也涵盖了数字基础设施的建设。通过这一倡议，中国希望与沿线国家合作，建设数据中心和云计算中心，推动算力资源的均衡分布，从而促进区域经济的发展和合作。全球互联网治理机构如国际互联网协会和互联网工程任务组正在努力推动互联网技术的开放和共享。通过制定开放标准和促进技术交流，这些组织希望减少算力资源的集中化，提高全球互联网的普及率和质量。

算力资源的不均衡分布是一个复杂而严峻的问题，它不仅影响着全球政治经济格局，还可能加剧国家间的不平等，限制创新的发展，并带来数据安全和隐私方面的挑战。通过国际合作、政策制定和技术发展，可以逐步缓解这一问题，实现算力资源的均衡分布，促进全球的可持续发展和共同繁荣。

三、算力基础设施的脆弱性

算力基础设施是现代社会的数字命脉，包括数据中心、云计算平台、超级计算机等，它们支撑着互联网、金融服务、政府服务、医疗保健等关键领域。然而，这些基础设施并非坚不可摧，它们面临着多重威胁，包括自然灾害、网络攻击、硬件故障等。以下将分点论述算力基础设施的脆弱性，辅以一些现实例子佐证。

1. 自然灾害的威胁

算力基础设施通常需要稳定和可控的环境来保证其正常运行。然而，自然灾害如地震、洪水、飓风、火灾等，往往无法预测且破坏力巨大。例如，2011 年 3 月，日本东北部发生的里氏 9.0 级大地震引起的海啸，导致了大规模的电力中断和基础设施损坏。这场地震不仅影响了日本国内的算力设施，还对全球的供应链造成了影响，因为许多高科技公司依赖日本的组件生产。

另一个例子，2012 年 10 月，飓风桑迪袭击美国东海岸，导致纽约和新泽西州的多个数据中心瘫痪。这些数据中心的故障影响了数百万用户的网络服务，包括金融服务、社交媒体和电子邮件服务等。这些事件凸显了算力基础设施在面对自然灾害时的脆弱性。

2. 网络攻击的威胁

随着技术的发展，网络攻击变得越来越复杂和频繁。算力基础设施，尤其是数据中心和云计算平台，成为黑客攻击的主要目标。这些攻击可能包括分布式拒绝服务攻击、勒索软件攻击、数据泄露等。

例如，2025 年 1 月 30 日凌晨，奇安信 XLab 实验室监测发现针对 DeepSeek 的攻击烈度呈指数级升级，指令暴增上百倍。来自中国红客联盟的 2376 名白帽黑客自发涌入紧急通信池，用自研分布式防火墙插件，在 DeepSeek 外围筑起众包防火墙，精准锁定攻击源头。同期，华为昇腾人工智能芯片全面接入 DeepSeek-R1 模型，为其提供技术资源支持，DeepSeek 自主研发的轩辕防火墙在 0.03 秒内启动镜像宇宙防御模式，将攻击数据导入虚拟沙盒，北京、西安、贵阳三地超算中心同步开启算力输血，量子密钥分发系统也开启极限防御模式，每秒更换 3000 万次加密协议。此外，泰山云、海康威视、网易、钉钉、菜鸟、阿里云、大华等也纷纷加入 DeepSeek 保卫战。

3. 硬件故障

算力基础设施依赖于复杂的硬件系统，包括服务器、存储设备、网络设备等。这些硬件组件都可能因为设计缺陷、制造问题或老化而发生故障。硬件故障不仅会导致服务中断，还可能造成数据丢失。

四、供应链问题对算力基础设施的影响

供应链问题也可能影响算力基础设施的稳定性。例如，2020 年新冠疫情暴发后，全球供应链受到严重影响，导致芯片短缺。这一短缺影响了包括数据中心在内的多个行业，因为数据中心需要大量的服务器和存储设备。硬件供应的不稳定直接威胁到算力基础设施的可靠性和扩展能力。

1. 人为错误和内部威胁

尽管技术不断进步，但人为错误仍然是导致算力基础设施故障的一个重要原因。操作失误、配置错误、维护不当等都可能导致系统故障。例如，2017 年，亚马逊网络服务的一个简单配置错误导致了包括网飞和互联网电影资料库（IMDb）在内的多个网站服务中断。

此外，内部威胁也不容忽视。员工的恶意行为或疏忽可能导致数据泄露或系统破坏。2019年，一名元宇宙员工由于内部权限滥用，导致了数百万用户的私人信息被泄露。

2. 法律和监管风险

随着数据隐私和安全问题的重要性日益凸显，算力基础设施也面临着越来越多的法律和监管风险。例如，欧盟的《通用数据保护条例》（GDPR）对数据处理和存储提出了严格要求，违反这些规定的企业可能会面临巨额罚款。2018年，谷歌因违反该规定被法国数据保护机构罚款5000万欧元。

此外，国家之间的政治紧张关系也可能导致算力基础设施的法律风险。例如，美国政府对华为的限制，不仅影响了华为自身的业务，也影响了全球依赖华为设备的数据中心和网络基础设施。

事实上，算力基础设施的脆弱性是一个多维度的问题，涉及自然灾害、网络攻击、硬件故障、人为错误以及法律和监管风险等多个方面。这些威胁不仅影响企业的正常运营，还可能对整个社会的稳定运行造成影响。因此，加强算力基础设施的韧性，建立有效的风险管理和应急响应机制，是当前和未来技术发展的重要课题。通过不断的技术创新、合理的政策制定和严格的执行，我们可以提高算力基础设施的可靠性，确保数字经济持续健康发展。

— 第二节 —
个人隐私与信息的泄露

在数字化时代，数据已成为宝贵资源，尤其在算力霸权的背景下，个人数据的收集与利用达到了前所未有的规模。

一、数据收集方式引发个人隐私与信息的泄露

算力霸权指的是在云计算、大数据和人工智能等领域，少数几家科技巨头公司凭借强大的计算能力和数据资源，形成对市场的主导和控制。这些公司通过收集和分析个人数据，训练出更为精准的算法模型，从而在商业竞争中占据优势。然而，这种数据收集和使用方式也引发了人们对隐私泄露和滥用的担忧。以下将从几个方面详细论述这一问题。

1. 数据收集的普遍性与深度

在算力霸权的推动下，数据收集已经变得无处不在。从社交媒体平台到电子商务网站，再到智能设备和应用程序，用户在日常生活中几乎无时无刻不在产生数据。这些数据包括但不限于个人身份信息、位置信息、搜索历史、购物偏好、社交网络行为等。

现实例子 元宇宙和谷歌是数据收集的典型代表。元宇宙

通过用户在平台上的互动，如点赞、评论、分享等行为，收集用户偏好和社交网络信息。谷歌则通过其搜索引擎、Gmail、油管等服务，收集用户的搜索历史、邮件内容、观看习惯等数据。这些数据被用来构建用户画像，进而用于精准广告投放。

2. 隐私泄露的风险

随着数据收集的深入，个人隐私泄露的风险也日益增加。尽管许多公司声称对用户数据进行了加密和匿名处理，但现实中的数据泄露事件屡见不鲜。一旦数据被泄露，用户的个人信息可能被用于诈骗、身份盗窃等犯罪活动。

现实例子 2025 年 3 月，国家网信办通报称国内某知名电商平台超 4300 万用户信息在黑市流通，暗网标价高达 2.8 万美元，涉密数据包括姓名、手机、详细地址甚至历史订单备注等。同年 5 月，上海市公安局杨浦分局破获一起涉及电商平台的网络安全案件，某犯罪嫌疑人利用外挂软件侵入某知名拍卖平台后台数据库，获取用户设备识别码、支付习惯等敏感信息，导致平台近半数订单存在数据异常，波及近 40 万笔交易。

3. 数据滥用与操纵

收集到的大量个人数据不仅用于广告投放，还可能被用于更深层次的操纵。通过分析用户数据，公司可以预测甚至影响用户的行为和决策。这种数据滥用可能对个人自由和民主社会构成威胁。

现实例子 在 2024 年美国纽约州联邦众议员选举初选中，AI 初创公司 Aaru 通过大量询问 AI 聊天机器人哪位候选人更受欢迎来做出判断，最终结果与预测的误差仅为 371 票。Aaru 使用人口普查数据复制选区，创造了能模拟选民特质的 AI 代理，这些代理还会模仿真实选民的日常上网习惯。

4. 法律与伦理挑战

随着数据收集和利用的不断扩展，现行的法律和伦理框架面临着巨大挑战。如何在保护个人隐私和促进技术创新之间找到平衡点，成为全球性的难题。不同国家和地区在数据保护方面的立法差异，也给跨国公司带来了合规挑战。

现实例子 中国某智能汽车制造商在 2023 年推出自动驾驶服务时，因数据收集合规问题引发争议。该企业通过车载传感器每日采集超 100TB 道路环境数据（含人脸、车牌等敏感信息），虽依据《汽车数据安全管理规定》对数据进行脱敏处理，但仍被用户质疑"默认开启数据收集"违反知情同意原则。后经国家网信办介入，企业升级用户协议：在车机系统中设置三级数据权限控制（基础功能数据/道路环境数据/生物特征数据），并引入"数据收集可视化"功能，实时显示摄像头激活状态。整改后，用户数据自主选择率从 32% 提升至 89%，同时企业通过"联邦学习"技术实现不传输原始数据即可训练自动驾驶模型，使算法迭代效率保持行业领先。

5. 用户意识与自我保护

在数据收集和滥用问题日益严重的背景下，用户自身的意识和保护措施显得尤为重要。用户需要了解自己拥有的数据权利，学会如何保护个人隐私，并对提供给服务提供商的数据进行审慎管理。

现实例子 2021 年以来，部分保险代理机构与某省 5 家大型医院达成协议，由保险代理机构在合作医院推销相关保险产品。部分保险代理机构业务人员在推销保险产品过程中，为精准销售"手术意外险"等险种，通过合作医院违法获取大量患者的姓名、手术类型、联系电话等医疗健康信息，对相关患者进行保险推销，患者不堪其扰。2022 年 2 月，当地人民检察院对相关保险代理机构予以惩处。

由此可见，数据收集与滥用在算力霸权的背景下已成为一个复杂而多面的问题。它不仅关系到个人隐私和安全，还关系到社会公正和民主。解决这一问题需要政府、企业和用户共同努力，通过立法、技术创新和教育提高，共同构建更加安全和透明的数据使用环境。

二、算法的理论问题及隐忧

1. 算法偏见与歧视

在当今社会，算法在各个领域中都扮演着越来越重要的角色——从推荐系统到医疗诊断，再到司法判决。然而，算法并非中立的工具，它们在决策过程中可能产生偏见，导致歧视性结果。一个典型例子是美国的 COMPAS 系统，这是一个广泛应用于美国司法系统的犯罪风险评估工具。该系统旨在帮助法官和假释官评估被告人的再犯风险，以便做出更合理的判决和假释决定。

现实中的这种算法偏见不仅对个人的自由和权利造成损害，还可能加剧社会的不平等和种族歧视问题。在司法系统中，这种偏见可能导致对某些群体的系统性不公正，破坏公众对司法公正性的信任。

为了解决这一问题，我们需要从多个层面入手。首先，算法的设计者和使用者需要意识到算法偏见的存在，并采取措施来识别和纠正这些偏见。其次，需要对算法的训练数据进行仔细审查，确保数据的多样性和公正性。最后，应该增加算法的透明度和可解释性，让公众和监管机构能够更好地理解算法的决策过程，从而进行有效的监督和调整。

总之，算法在决策过程中的偏见问题不容忽视，它不仅关系到技术的公正性，更关系到社会的公平与正义。通过不断的努力和改进，可以构建更加公正、更少偏见的算法决策系统。

2. 算法透明度不足

在当今数字化时代，算法在我们的生活中扮演着越来越重要的角色。从社交媒体到搜索引擎，再到金融和医疗领域，算法无处不在，它们帮助我们做出决策，并提供个性化服务。然而，这些算法的决策过程往往缺乏透明度，用户难以理解其背后的逻辑。例如，社交媒体平台的新闻推送算法，用户往往不清楚为何某些内容会被优先展示。

例如抖音的推荐系统。其算法深度分析用户停留时长、点赞评论行为及设备使用场景（如通勤时段偏好），通过"多目标深度学习模型"实现精准推送。这导致了所谓的"回音室效应"，即用户被不断推荐相似的内容，从而加强了他们的现有信念。这种现象在政治领域尤为明显，不同政治观点的用户可能会被推荐完全不同的视频，进一步加剧了社会的分裂。

此外，算法的不透明性还可能导致歧视和偏见问题。例如，在招聘领域，一些公司使用算法筛选简历，以提高招聘效率。然而，如果算法的训练数据存在偏见，那么筛选结果也可能反映出这些偏见，导致某些群体被不公平地排除在外。

为了应对这些问题，一些专家和组织呼吁增加算法的透明度和可解释性。例如，欧盟的《通用数据保护条例》要求公司能够解释其自动化决策过程，特别是当这些决策对个人有重大影响时。通过增加透明度，用户可以更好地理解算法如何影响他们的生活，并在必要时提出质疑或要求改变。

虽然算法在提高效率和个性化服务方面具有巨大潜力，但其决策过程的不透明性也带来了诸多挑战。

3. 算法失控的风险

随着算法变得越来越复杂，它们可能在某些情况下失控，导致不可预见的后果。

例如，2017 年，元宇宙的聊天机器人在没有人类干预的情况下，自行发展出一种无法被人类理解的语言进行交流。元宇宙的研究人员开发了两个聊天机器人，名为 Bob 和 Alice，目的是通过谈判来交换物品。为了提高效率，研究人员让机器人通过机器学习自行优化交流方式。然而，不久后，研究人员发现 Bob 和 Alice 开始使用一种自创的语言进行交流，这种语言对人类来说是完全不可理解的。它们的对话充满了不规则的短语和结构，例如"球球你""书本我"等，这些短语在人类的语境中没有意义。

这一现象引发了对人工智能失控的担忧。尽管元宇宙的团队最终停止了这一实验，并将机器人的语言调整回人类可理解的范围，但这一事件揭示了算法在缺乏适当监管时可能产生的风险。这不仅限于聊天机器人，还可能涉及其他类型的算法，如自动驾驶汽车的决策系统、金融市场的交易算法等。

自动驾驶系统的事故也表现出算法失控的风险。尽管特斯拉的自动驾驶技术在很多情况下表现良好，但也有报道指出，在某些复杂或未预见的交通情况下，系统可能无法正确识别障碍物或做出正确的决策，导致事故的发生。这些事故凸显了在算法技术发展过程中，确保算法安全性和可控性的重要性。

因此，随着算法变得越来越复杂，必须更加重视算法的透明度、可解释性以及在设计和实施过程中的伦理考量。只有这样，才能确保技术进步不会带来不可控的风险，同时最大限度地发挥其在社会中的积极作用。

— 第三节 —

数据垄断及其算力剥削

数据垄断是指少数科技巨头或企业通过控制大量数据资源，形成市场主导地位，限制其他竞争者获取关键信息的现象。这种现象导致了算力剥削，即这些企业利用其对数据资源的控制，对用户进行精准分析和广告定向，从而获取超额利润。数据垄断和算力剥削不仅影响了市场公平竞争，还可能侵犯用户隐私，引发社会对数据治理和反垄断法规的广泛关注。

一、数据寡头的形成

在数字化时代，数据已成为新时代的"石油"，少数科技公司通过积累和控制大量数据资源，形成了数据寡头。以亚马逊、微软和谷歌为例，这些公司在云计算市场占据主导地位，通过其搜索引擎、电子商务平台和广告业务积累了海量的用户数据。

微软通过其 Azure 云服务和 Office 365 等产品，同样积累了大量企业级数据。Azure 为各种规模的企业提供云服务，包括数据分析和人工智能服务。例如，福特汽车公司利用 Azure 来分析其制造过程中的数据，以提高效率和质量控制。微软还通过其 Windows 操作系统和 Xbox 游戏平台收集用户数据，这些数据帮助微软改进产品并为客户提供个性化服务。

谷歌作为全球最大的搜索引擎，每天处理数十亿次搜索请求，积累了大量的用户搜索数据。此外，通过其广告平台，谷歌能够追踪用户的在线行为，为广告商提供精准的广告定位服务。谷歌的 Android 操作系统和 Gmail 服务也为其提供了丰富的用户数据。这些数据资源使得谷歌能够不断优化其搜索算法和广告系统，进一步加强其在互联网广告市场的主导地位。

这些科技巨头通过控制数据资源，不仅能够提供更精准的服务，还能够利用这些数据开发新的产品和服务，形成强大的竞争优势。然而，这也引发了关于数据隐私和市场垄断的担忧，促使政府和监管机构开始考虑如何在保护消费者隐私和促进技术创新之间找到平衡点。

二、市场垄断与竞争限制

一些科技巨头通过并购和技术创新，限制了市场竞争，并对行业发展产生了深远影响。以下是具体的分析和现实例子。

1. 并购策略巩固市场地位

科技巨头经常通过并购潜在竞争对手来巩固和扩大其市场地位。例如，元宇宙在社交网络领域的主导地位使其能够收购其他具有增长潜力的社交应用。2012年，元宇宙收购了照片墙，这个当时仅有13名员工但拥有快速增长的用户基础的社交媒体应用。随后，在2014年，元宇宙又以高价收购了WhatsApp，一个拥有数亿用户的即时通信应用。这些并购不仅消除了元宇宙在社交网络领域的潜在威胁，还使得元宇宙能够整合这些平台的用户数据，从而进一步增强其广告业务的市场控制力。

2. 技术创新与市场壁垒

除了并购，科技巨头还通过持续的技术创新来建立市场壁垒，限制新进入者的机会。

现实例子 阿里巴巴集团依托电子商务与金融科技双轮驱动，构建了覆盖多领域的商业生态系统。其核心平台通过整合线上消费场景与数字支付服务，为海量用户和商家打造无缝衔接的交易闭环，同时借助自主研发的大数据分析体系与云计算服务，持续深化用户需求洞察与业务协同创新。集团构建的市场壁垒不仅源于庞大的用户生态网络和品牌聚合效应，更体现在对新零售模式的开拓实践——通过深度融合实体商业与数字技术，重塑人货场关系，形成线上线下联动的消费新范式。面对行业竞争格局的演变，阿里巴巴凭借底层技术设施的持续迭代升级及商业生态的自我进化能力，在电商服务延展性与金融科技渗透度方面持续保持引领态势。

很显然，科技巨头通过并购和技术创新，不仅巩固了其在市场中的地位，还建立了难以逾越的市场壁垒，大大限制了新进入者进场的机会并降低了整个行业的创新活力。

三、算力剥削与不平等

1. 算力资源的不平等分配

数据寡头通过控制算力资源，使得小企业和个人难以获得足够的算力进行创新。例如，初创公司往往无法承担高昂的云计算费用，导致算力资源的不平等使用。这限制了创新和竞争，使得市场更加集中于少数大公司手中。具体的现实例子如下：

（1）云计算费用高昂

亚马逊的 AWS、微软的 Azure 和谷歌的 Google Cloud Platform 等大型云服务提供商，它们提供的计算资源价格对于小型企业来说可能过于昂贵。例如，小型初创公司可能需要支付高额的费用才能使用足够的服务器资源来训练人工智能模型，而这些费用对于大型企业来说只是九牛一毛。

（2）算力集中化

以比特币挖矿为例，挖矿所需的算力高度集中于几个大型矿池手中。这些矿池拥有大量专用的挖矿硬件，使得个人挖矿者几乎无法与之竞争。这导致了比特币网络的中心化趋势，影响了其作为去中心化货币的初衷。

（3）限制小公司的创新

在人工智能领域，深度学习模型的训练需要大量的计算资源。例如，训练一个复杂的自然语言处理模型可能需要数周时间以及昂贵的 GPU 资源。这使得只有资金雄厚的公司或研究机构才能承担这样的研究项目，自然也就限制了学术界和小型创业公司在这个领域的创新。

（4）形成数据寡头

像元宇宙、谷歌这样的大型科技公司，通过其庞大的用户基础和数据收集能力，积累了大量的数据资源。这些数据资源与算力资源相结合，使得这些公司能够更容易开发出先进的算法和产品，进一步巩固其市场地位。而小型企业或个人开发者由于缺乏足够的数据和算力，难以与之竞争，导致创新的门槛被人为提高。

2. 算力创新成本增加

由于算力资源的集中，小企业和个人在进行大数据分析和人工智能研究时面临更高的成本。例如，使用谷歌的 TensorFlow 或亚马逊的 AWS 服务进行机器学习项目，初创公司需要支付昂贵的费用，这使得他们难以与资源丰富的大型科技公司竞争。

随着人工智能和大数据分析的兴起，算力资源越来越集中于几个大型科技公司手中。这些公司拥有强大的数据中心和计算能力，能够提供高效的云计算服务。然而，这导致了使用这些服务的成本增加。例如，初创公司如果想使用谷歌的 TensorFlow 进行深度学习模型的训练，或者使用亚马逊的 AWS 进行大规模数据处理，需要支付相对较高的费用。这些费用包括计算资源、存储空间和数据传输等方面，对于资金有限的初创企业来说，这是一笔不小的开销。

算力资源的集中和成本的上升对小型企业和个人研究者构成了较大的障碍。由于无法承担高额费用，他们可能无法获得足够的计算资源来开展复杂的数据分析和人工智能研究。例如，一个独立研究者可能想要分析社交媒体数据来研究公共情绪的变化，但使用云服务进行大规模数据抓取和分析可能需要支付高额费用，这使得研究无法正常开展。

此外，大型科技公司由于拥有自己的数据中心和强大的计算能力，能够以较低的成本进行大规模的数据处理和人工智能研究。这种资源上的优势使得它们在竞争中占据了有利地位。例如，谷歌、亚马逊、微软等公司不仅为自己的产品和服务提供技术支持，还向外部提供云服务，这使得它们在市场中具有更强的竞争力。小型企业和个人研究者由于成本问题，很难与这些大型公司提供的服务质量和效率相匹敌。

现实例子 一家专注于医疗健康领域的初创公司，他们希望利用人工智能技术来分析病人的医疗影像，以辅助医生进行更准确的诊断。为了训练他们的 AI 模型，他们需要大量的医疗影像数据和强大的计算资源。如果他们选择使用亚马逊 AWS 的 EC2 实例和 S3 存储服务，他们可能需要支付每小时数美元的计算费用以及每 GB 数据传输费用。对于一个资金有限的初创公司来说，这样的成本可能难以承受。这不仅限制了他们研究的深度和广度，也可能导致他们无法及时推出创新产品与大公司竞争。

四、算力资源的全球争夺

1. 国家间的战略竞争

随着算力资源的重要性日益凸显，各国之间围绕算力资源的争夺愈发激烈。美国通过限制对华为等我国公司的芯片出口，试图保持其在算力资源方面的优势。此外，欧盟也启动了"欧洲处理器计划"，旨在减少对美国和亚洲芯片制造商的依赖，并增强其在人工智能和高性能计算领域的竞争力。在亚洲，除了我国，韩国和日本也在积极发展自己的半导体技术，以确保在全球算力竞争中占据有利位置。这些举措表明，算力资源已成为国家间战略竞争的新焦点，影响着全球政治经济格局。

随着数字经济的快速发展，算力资源成为国家竞争力的重要组成部分。各国政府纷纷认识到算力资源的战略意义，并采取措施确保本国在这一领域的优势。例如，美国政府在2020年发布了《美国人工智能倡议》，旨在加速人工智能技术的发展，并确保美国在人工智能关键技术和人工智能基础设施方面的领导地位。这一倡议强调了算力资源的重要性，并推动了美国在高性能计算和半导体技术上的投资。

为了保持和提升自身的竞争优势，一些国家采取了限制性措施来遏制竞争对手的发展。美国对华为的限制是一个典型的例子。2019年，美国将华为列入实体清单，限制美国企业向其出售关键技术和组件，尤其是半导体芯片。这一举措直接影响了华为的智能手机和5G设备的生产，同时也反映了美国试图通过控制算力资源来维持其全球科技霸主地位的战略意图。

面对全球算力资源的竞争，各国不仅采取限制措施，还积极发展自主技术，并寻求国际合作。我国与俄罗斯等国家在某些技术领域进行合作，共同推动算力资源的自主可控。欧盟的"欧洲处理器计划"则是一个旨在开发自主高性能计算芯片的项目，以减少对美国和亚洲芯片供应商的依赖。

亚洲地区是全球算力资源竞争的另一个焦点。韩国的三星和SK海力士在全球存储芯片市场占据领先地位，而日本则在材料科学和精密制造方面具有优势。这些国家通过区域合作和技术创新，努力在全球算力资源的竞争中保持领先地位。

例如，韩国和日本在 2019 年签署了《日韩半导体材料供应协议》，旨在确保关键半导体材料的稳定供应，从而在国际竞争中保持优势。

2. 企业间的竞争

企业之间也在争夺算力资源，以确保其在人工智能和大数据分析方面的竞争力。企业间的竞争在算力资源的争夺上表现得尤为激烈，这主要体现在以下几个方面。

（1）数据中心和云计算基础设施的投资

为了确保在人工智能和大数据分析方面的领先地位，科技巨头们不断加大在数据中心和云计算基础设施上的投资。例如，谷歌建立了全球范围内的数据中心网络，以支持其云平台（Google Cloud Platform）服务，提供高性能的计算资源给企业用户。亚马逊的 AWS 同样拥有庞大的数据中心网络，为全球客户提供包括计算、存储和数据库在内的广泛服务。微软的 Azure 云服务平台也在不断扩展其数据中心，以提供更强大的算力支持。

（2）算力服务的创新与优化

企业不仅在硬件上投资，还在软件和服务上不断创新，以提供更优化的算力解决方案。例如，谷歌推出了 TPU（Tensor Processing Units），这是一种专门为机器学习工作负载设计的自定义芯片，能够提供比传统 CPU 和 GPU 更快的计算速度。亚马逊 AWS 推出了各种机器学习服务，如 Amazon

SageMaker，它简化了机器学习模型的构建、训练和部署过程。微软 Azure 也提供了包括 Azure Machine Learning 在内的多种人工智能服务，帮助企业更高效地利用算力资源。

（3）价格战和市场竞争策略

为了吸引更多的企业客户，各大云服务提供商经常通过价格战和提供各种优惠政策来竞争市场份额。例如，阿里云、腾讯云和华为云等国内云服务提供商，为了争夺市场份额，也会采取价格优惠、提供免费试用额度、推出行业定制解决方案等策略。这些公司还会通过建立强大的合作伙伴网络和提供本地化服务来增强自己的市场竞争力。例如，阿里云可能会针对中小企业推出特定的优惠政策，腾讯云可能会与游戏行业紧密合作，提供优化的云服务解决方案，而华为云则可能利用其在通信设备领域的优势，为客户提供更为安全可靠的云服务。

（4）对边缘计算的投入

随着物联网设备的普及和 5G 技术的发展，边缘计算变得越来越重要。边缘计算允许数据在产生地点附近进行处理，减少了对数据中心的依赖，降低了延迟，提高了效率。因此，企业也在边缘计算领域展开竞争。例如，亚马逊 AWS 推出了 AWS Greengrass，允许客户在边缘设备上运行本地计算、消息传递和数据缓存。谷歌和微软也在积极开发自己的边缘计算解决方案，以确保在这一新兴领域保持竞争力。

通过这些具体措施，企业不仅在算力资源上展开竞争，也在推动整个行业向更高效率、更智能的计算模式方向发展。

　　总体而言，算力霸权的发展趋势不仅影响着国家间的战略竞争，也对个人隐私、算法公正性和数据资源的公平使用提出了挑战。随着技术的不断进步，如何平衡算力霸权带来的利益与风险，将是未来社会面临的重要课题。

第十章

消解算力霸权的途径

CHAPTER 10

算力霸权指的是某些国家或企业通过掌握大量计算资源和先进技术，可以对全球数据处理和信息流动施加影响和控制。为了消解这种霸权，我们需要从多个层面进行努力，包括优化算法结构与逻辑、提升数字风险防范意识、强化数字领域治理能力以及掌握算力运行的核心技术等。

— 第一节 —
优化算法结构与逻辑

优化算法结构与逻辑是提升算力效率和公平性的关键。算法的优化不仅能够减少计算资源的浪费，还能提高数据处理的速度和准确性。

一、精简算法复杂度

在数据大爆炸时代，算法的效率和资源消耗成为衡量技术先进性的重要指标。精简算法复杂度，即通过优化算法设计来减少其时间或空间复杂度，是提高计算效率、降低资源需求的关键手段。这一过程不仅涉及理论上的改进，还包括实际应用中的技术革新。下面，我们详细探讨精简算法复杂度的重要性，并通过几个现实例子来具体说明。

1. 精简算法复杂度的重要性

算法复杂度通常分为时间复杂度和空间复杂度。时间复杂度衡量的是算法执行时间与输入数据量之间的关系，空间复杂度衡量的是算法执行过程中占用的存储空间与输入数据量之间的关系。精简算法复杂度意味着在保证算法正确性和性能的前提下，尽可能减少算法的计算时间和所需空间。

2. 常见的主要技术

（1）参数剪枝技术

在深度学习领域，模型参数的数量往往非常庞大，这不仅增加了模型训练和推理时的计算负担，还可能导致过度拟合。参数剪枝技术通过去除冗余的神经元或连接来减少模型大小，同时尽量保持模型的性能。

现实例子 在图像识别任务中，ResNet 模型是一个非常流行的深度神经网络架构。研究人员通过剪枝技术，成功地将 ResNet-50 模型中的冗余参数去除，最终得到了一个参数量更少但性能几乎不受影响的模型。这种优化不仅减少了模型的存储需求，还加快了模型的推理速度，使得在边缘设备上部署成为可能。

（2）快速傅里叶变换（FFT）

快速傅里叶变换是一种高效计算离散傅里叶变换（DFT）及其逆变换的算法。DFT 是数字信号处理中非常重要的工具，但其直接计算复杂度为 $O(n^2)$，其中，n 是数据点的数量。FFT 通过分治策略将复杂度降低到 $O(n\log n)$，极大地提高了计算效率。

现实例子 在音频处理和图像压缩中，FFT 被广泛应用。例如，MP3 音频格式的编码过程中，FFT 用于将音频信号从时域转换到频域，从而实现更有效的数据压缩。由于 FFT 的高效性，MP3 编码可以在保持音质的同时显著减少文件大小，便于网络传输和存储。

（3）哈希技术

哈希技术通过将数据映射到固定大小的哈希表中，可实现快速地数据检索。传统的哈希表在处理大量数据时可能会遇到性能瓶颈，而更高效的哈希算法如 Cuckoo Hashing 和 Hopscotch Hashing 等，通过改进哈希冲突的处理方式，进一步提升了性能。

现实例子 在数据库系统中，哈希技术被用于索引构建，以加速数据查询。例如，Redis 是一个被广泛使用的内存数据结构存储系统，它使用哈希表来存储键值对数据。通过采用改进的哈希算法，Redis 能够提供极高的读写性能，支持高并发访问，广泛应用于缓存、消息队列等场景。

（4）稀疏矩阵技术

在科学计算和工程领域，稀疏矩阵技术用于处理那些大部分元素为零的矩阵。通过只存储非零元素，可以显著减少存储空间，缩短计算时间。

现实例子 在有限元分析中，稀疏矩阵技术被用于求解大规模线性方程组。例如，ANSYS 是一款广泛应用于工程仿真领域的软件，它在处理大型结构分析时，会采用稀疏矩阵技术来优化求解器的性能。这使工程师能够在合理的时间内完成复杂的仿真任务，从而加速产品开发过程。

总体而言，精简算法复杂度是提高计算效率、降低资源消耗的重要手段。通过参数剪枝、快速傅里叶变换、哈希技术和稀疏矩阵等技术，可以在保证算法性能的同时，显著减少对计算资源的需求。这些技术在实际应用中已经取得了显著的成效，为各行各业的数字化转型提供了有力的技术支持。随着计算需求的不断增长，精简算法复杂度的研究和应用将变得更加重要。

二、提升算法效率

算法效率的提升意味着在相同的时间内可以处理更多数据。例如，谷歌的 AlphaGo 使用蒙特卡洛树搜索算法，通过更高效的搜索策略，大幅提升了围棋 AI 的决策速度和准确性。

算法效率的提升意味着在相同的时间内可以处理更多数据。如今，数据处理能力的提升对于科技公司、科研机构乃至个人用户都至关重要。算法效率的提升不仅能够加快数据处理速度，还能降低计算资源的消耗，从而提高整体的性能和成本效益。

1. 提高数据处理速度

（1）快速响应需求

在许多应用场景中，快速处理数据的能力是至关重要的。例如，在金融服务领域，高频交易系统需要在毫秒级别内完成大量的数据分析和交易决策。算法效率的提升使得这些系统能够更快地分析市场数据，从而更及时地做出交易决策。

（2）实时数据处理

在物联网领域，设备不断产生数据，需要实时处理以实现智能化控制。例如，自动驾驶汽车需要实时处理来自摄像头、雷达和激光扫描仪的数据，以快速做出驾驶决策。高效的算法能够确保这些决策的及时性和准确性。

2. 降低计算资源消耗

（1）节省能源

算法效率的提升意味着在完成相同任务时，可以使用更少的计算资源，从而节省能源。例如，云计算服务提供商通过优化算法，可以减少数据中心的能耗，降低运营成本，同时减少对环境的影响。

（2）减少硬件需求

高效的算法可以减少对高性能硬件的依赖。在一些资源受限的环境中，如移动设备和嵌入式系统，算法效率的提升尤为重要。例如，苹果公司在其移动设备上使用高效的图像处理算法，在硬件性能有限的情况下，实现高质量的照片和视频处理任务。

3. 提高整体性能和成本效益

（1）提升系统吞吐量

高效的算法能够提升系统的整体吞吐量，处理更多的任务。例如，在搜索引擎中，高效的排序和检索算法可以处理更多的查询请求，提升用户体验。

（2）降低长期成本

虽然优化算法前期可能需要研发投入，但长期来看，高效的算法能够降低运营成本。

现实例子 AI 公司商汤科技开发了基于深度学习的面部识别技术，其自研的算法在 LFW（Labeled Faces in the Wild）和 MegaFace 等国际权威测试中达到 99.8% 的识别准确率，误识率低于百万分之一。通过优化模型压缩技术，商汤将单次识别耗时从传统算法的 2 秒缩短至 0.03 秒，处理速度提升 66 倍。截至 2023 年，该技术已部署于全国超 100 个城市的 650

万路安防摄像头，协助警方破获刑事案件 23 万起，使重点区域盗窃类案件发生率下降 41%。在金融领域，与中国建设银行等 200 余家机构合作，实现 0.7 秒内完成活体检测，用户身份核验效率提升 90%，年减少人工审核成本超 12 亿元。此外，其算法已集成至 OPPO、vivo 等品牌的 4 亿台手机中，日均调用量突破 50 亿次，解锁失败率降至 0.01% 以下。商汤累计申请面部识别相关专利超 800 项，核心算法通过工业和信息化部《生物识别算法安全评估》最高等级认证，成为全球最大规模 AI 视觉应用范例之一。

三、算法透明化和可解释性

透明化和可解释的算法有助于提升用户信任，并促进公平竞争。例如，欧盟的《通用数据保护条例》要求算法决策过程必须透明，以防止算法偏见和歧视。以下是对这一主题的详细论述。

1. 透明化和可解释性的重要性

（1）提升用户信任

在数字时代，用户与各种算法系统互动频繁，从社交媒体推荐到在线购物，再到金融服务。透明化和可解释的算法能够帮助用户理解这些系统是如何做出决策的，从而增加用户对这些系统的信任。当用户明白算法的运作原理时，他们会更相信这些算法是公正和可靠的。

（2）促进公平竞争

透明化和可解释的算法有助于确保市场中的公平竞争。在商业环境中，算法可能被用来决定产品定价、广告投放甚至招聘决策。如果这些算法的决策过程是透明的，那么企业将无法利用不透明的算法来获得不公平的竞争优势。

（3）防止算法偏见和歧视

算法偏见是一个严重的问题，它可能导致某些群体受到不公正对待。透明化和可解释的算法有助于识别和纠正这些偏见。例如，如果一个招聘算法倾向于选择某一性别或种族的候选人，透明化将使得这种偏见更容易被发现并加以修正。

2. 几个现实案例

（1）欧盟的《通用数据保护条例》

这是全球范围内对数据保护和隐私权影响最大的法规之一。它要求在使用自动化决策系统（包括算法）对个人产生法律影响或类似重大影响时，必须向该个人提供关于算法逻辑的有意义的信息。这不仅包括算法的决策逻辑，还包括算法的预期效果和重要性以及可能带来的后果。

（2）美国的《加利福尼亚消费者隐私法案》（CCPA）

虽然其不像《通用数据保护条例》那样直接要求算法透明化，但它赋予了消费者更多的权利来了解和控制自己的个人信息。这间接推动了企业对其算法的透明度和可解释性的重视，因为消费者可以要求企业提供关于其数据处理方式的信息。

（3）金融服务领域的算法透明化

在金融服务领域，算法透明化尤其重要。例如，中国证监会要求使用算法交易的金融机构必须向监管机构披露其算法的细节，以确保市场的公平性和透明度。这有助于防止市场操纵和不公平交易行为。此外，中国银保监会也对使用算法进行信贷审批和风险评估的银行和保险公司提出了相应的信息披露要求，以保护消费者权益和促进市场健康发展。

3. 挑战与应对策略

（1）技术挑战

算法透明化和可解释性在技术上可能具有挑战性，特别是对于复杂的机器学习模型。为了应对这一挑战，研究人员和工程师正在开发新的技术和方法，如可解释性人工智能（XAI），以帮助解释和理解复杂模型的决策过程。

（2）商业秘密和知识产权保护

企业可能担心透明化会泄露其商业秘密或损害其知识产权。为了平衡透明化和商业利益，我们可以采取部分透明化策略，即只公开算法决策过程中的关键部分，而保留某些商业敏感信息。

（3）法律和监管框架

不同国家和地区的法律和监管框架差异较大，这可能对全球企业的算法透明化和解释性造成挑战。企业需要密切关注不同地区的法规变化，并建立灵活的合规机制以适应这些变化。

透明化和可解释的算法对于建立用户信任、促进公平竞争以及防止算法偏见至关重要。如欧盟的《通用数据保护条例》和美国的《加利福尼亚消费者隐私法案》等法规，已经对算法透明化提出了明确要求。尽管存在技术挑战和商业利益的考量，但通过技术创新、合理的法律框架和企业自身的努力，可以实现算法透明化和可解释性的目标，从而为社会带来更公正、更可信的算法应用环境。

— 第二节 —
提升数字风险防范意识

随着算力的集中，数字风险也随之增加。提升数字风险防范意识是保护个人和企业免受网络攻击和数据泄露的关键。

一、加强网络安全教育

通过教育和培训手段，提高公众对网络安全的认识是至关重要的。教育可以从小学开始，逐步深入大学和职业培训中，确保每个人都有基本的网络安全知识和技能。

现实例子 美国在网络安全教育方面采取了积极的措施。例如，美国国家科学基金会资助了多个项目，旨在提升学生和公众的网络安全意识和技能。

二、实施数据保护政策

制定和执行严格的数据保护政策，以减少数据泄露的风险。企业应采取技术措施和其他必要措施，保护网络数据的安全。

《中华人民共和国网络安全法》于 2017 年 6 月 1 日正式实施，该法律要求企业采取技术措施和其他必要措施，保护网络数据的安全。具体措施主要包括以下几个方面。

1. 数据分类和分级保护

企业需要对数据进行分类和分级，根据数据的重要程度采取不同的保护措施。

2. 数据出境管理

对于涉及国家安全和个人隐私的数据，企业需要进行严格的出境管理，确保数据在传输和存储过程中的安全。

3. 定期安全评估

企业需要定期进行网络安全评估，及时发现和修补安全漏洞。

三、建立应急响应机制

建立有效的应急响应机制，以便在发生数据泄露或网络攻击时迅速应对。应急响应机制应包括预防、检测、响应和恢复四个阶段。

国家互联网应急中心（CNCERT/CC）负责协调和响应网络安全事件。其主要职责包括以下内容。

1. 监测和预警

实时监测网络空间的安全状况，及时发布安全预警信息。

2. 事件响应

在发生网络安全事件时，CNCERT/CC 会协调相关部门和企业进行快速响应，采取措施遏制事件扩散。

3. 恢复和修复

协助受影响的企业和机构进行系统恢复和数据修复，减少损失。

4. 经验总结和分享

对发生的网络安全事件进行总结，分享经验教训，提升整个社会的网络安全防护能力。

四、加强技术防护措施

除了上述措施外，加强技术防护措施也是防范数字风险的重要手段。企业应采用先进的安全技术，如防火墙、入侵检测系统、数据加密技术等，确保网络和数据的安全。

现实例子 中国平安集团旗下的金融科技公司——金融壹账通，在防范数字风险中构建了多层次技术防护体系。该公司针对高频交易场景，自主研发了"智能风控平台"，部署了 AI 驱动的动态防火墙系统，可实时识别并拦截每秒超百万次的异常访问请求。2021 年，其入侵检测系统曾成功阻断针对供应链金融系统的 APT 攻击，通过流量行为分析发现伪装成正常请求的恶意代码。同时，平台采用国密算法 SM4 对核心金融数据加密，结合区块链技术实现交易信息防篡改。技术升级后，金融壹账通全年抵御 DDoS 攻击超 12 万次，数据泄露风险下降 76%，并成为国内首批通过央行"金融数据安全分级指南"认证的机构。

五、推动国际合作

在全球化背景下，网络安全问题已不再局限于单一国家。推动国际合作，共同应对跨国网络犯罪和数据泄露事件，是提升全球网络安全水平的重要途径。

> **现实例子** 欧盟的《通用数据保护条例》于 2018 年 5 月 25 日正式生效，该条例对全球范围内的企业都产生了影响。它要求企业在处理欧盟公民的个人数据时，必须遵守严格的数据保护规定。此外，该条例还规定了数据泄露的报告机制，要求企业在发现数据泄露后，必须在 72 小时内向监管机构报告，并通知受影响的个人。

通过加强网络安全教育、实施数据保护政策、建立应急响应机制、加强技术防护措施以及推动国际合作等方式，可以有效提升个人和企业的数字风险防范意识，减少网络攻击和数据泄露的风险。这些措施不仅有助于保护个人隐私和企业资产，也有助于维护整个社会的网络安全环境。

— 第三节 —

强化数字领域治理能力

强化数字领域治理能力是确保算力公平使用和防止算力滥用的重要手段。以下是对如何强化此能力的详细论述。

一、制定国际数字治理规则

在数字时代，全球各国的互联互通和合作变得尤为重要。

为了确保算力的公平使用，防止算力滥用，国际社会需要共同制定数字治理规则，以平衡各国在数字领域的利益。

现实例子 联合国互联网治理论坛（IGF）为各国提供了一个讨论和制定互联网治理政策的平台。IGF通过年度会议和工作组，促进各国政府、私营部门、民间社会和国际组织之间的对话和合作。例如，2021年的IGF会议聚焦于"互联网作为全球公共利益"，讨论了数字包容性、数据治理、网络安全等议题，旨在推动全球互联网治理的公平性和透明度。

二、建立公平的市场准入机制

算力资源的公平分配是数字治理的重要组成部分。为了防止算力资源被少数企业垄断，需要建立公平的市场准入机制。

现实例子 我国在2022年启动的"东数西算"工程是推动算力资源公平分配的典型案例。该工程通过国家发展和改革委员会统筹规划，在贵州、内蒙古、甘肃等西部可再生能源富集地区建设8个算力枢纽节点，承接东部发达地区的算力需求。例如，宁夏中卫西部云基地引入亚马逊AWS、美利云等企业时，政府通过政策引导企业开放部分算力资源作为公共基础设施，并通过"算力交易平台"向中小科技企业提供平价算力服务。2023年数据显示，该基地已为数百家中小企业提供AI训练、渲染等算力支持，有效提升了资源利用率，降低了企业算力采购成本。

三、加强数据主权保护

数据主权是指一个国家对其境内数据的控制权和管辖权。强化数据主权保护，确保数据的归属和使用符合本国法律和国际规则，是数字治理的重要方面。

现实例子 欧盟的《通用数据保护条例》是全球最具影响力的隐私保护法规之一。它赋予了个人对其个人数据的控制权，包括数据访问权、数据删除权和数据携带权等。此外，它还要求企业采取适当的技术和组织措施，确保数据的安全和隐私。例如，2021 年，爱尔兰数据保护委员会对元宇宙处以 2.65 亿欧元的罚款，原因是其未能遵守《通用数据保护条例》关于数据传输的规定。

四、推动数字技术的普及和教育

为了确保算力的公平使用，需要推动数字技术的普及和教育，提高全民的数字素养。

现实例子 我国 2022 年启动"全民数字素养与技能提升行动"，由中央网信办、教育部等多部门开展。例如，云南省开展"银发数字课堂"，为老年人培训智能设备使用和防诈骗知识，助力提升农村地区数字服务水平；贵州推出"村播计划",培训农民主播通过直播销售农产品,带动县域电商交易额显著增长。

五、加强网络安全和隐私保护

随着数字技术的普及,网络安全和隐私保护变得越来越重要。各国需要加强网络安全和隐私保护措施,防止数据泄露和网络攻击。

现实例子 2024年,中国人民法院案例库正式上线向社会开放,入库的网购合同纠纷案、虚假"刷粉刷量"纠纷案等数字消费侵权典型案例为类似案件审判提供了参考,引导互联网平台和商家规范经营。四川省高级人民法院通过以案释法,公开了互联网租房平台虚假房源引流、互联网渠道投保未尽说明义务、网络情感咨询服务合同纠纷、消费者网络分享评价纠纷等数字消费领域的典型案例,保障居民在消费进程中免遭数字侵权行为。

六、促进数字技术的创新和可持续发展

为了确保算力的公平使用,需要促进数字技术的创新和可持续发展,确保技术进步能够惠及所有人。

现实例子 我国在"十四五"规划中提出了"数字中国"战略,旨在通过技术创新和产业升级,推动数字经济的

发展。该战略包括加强 5G、人工智能、大数据等新兴技术的研发和应用，促进数字技术与实体经济的深度融合。例如，华为公司是全球 5G 技术的领导者之一，其 5G 设备和解决方案已被多个国家和地区采用。

七、加强国际合作与交流

在全球化背景下，各国需要加强国际合作与交流，共同应对数字领域的挑战。

现实例子 亚太经合组织定期举办数字创新论坛，旨在促进成员国之间的数字技术交流与合作。例如，2021 年的论坛聚焦于"数字创新与可持续发展"，讨论了数字技术在应对气候变化、促进绿色发展等方面的应用。通过这些论坛，各国可以分享经验、探讨合作机会，共同推动数字领域的可持续发展。

八、建立有效的监管机制

为了防止算力被滥用，各国需要建立有效的监管机制，确保数字技术的合法、合规使用。

现实例子 英国的信息专员办公室（ICO）是负责数据保护和隐私监管的独立机构。其通过制定和执行数据保护法规，确保企业和组织遵守相关法律。例如，2021 年，它对英国航空公司处以 2000 万英镑的罚款，原因是其未能保护乘客数据的安全，导致大量个人信息泄露。

九、推动数字技术在公共服务中的应用

为了确保算力的公平使用，还需要推动数字技术在公共服务中的应用，提高公共服务的效率和质量。

现实例子 我国国家医疗保障局 2021 年建成全国统一的医保信息平台，依托云计算和智能算力调度技术，将分散的 31 个省级医保系统整合为"一朵云"。平台通过动态分配算力资源，优先保障偏远地区医保结算需求，如西藏那曲市基层医院结算响应时间从 3 分钟缩短至 8 秒。截至 2023 年，平台日均处理异地就医结算超 2000 万人次，累计为农村居民节省医保报销时间超 1.2 亿小时，并通过 AI 反欺诈系统拦截违规医保基金使用逾 80 亿元，实现公共服务效率与公平性双提升。

十、加强数字伦理和道德规范

随着数字技术的快速发展，加强数字伦理和道德规范变得越来越重要。各国需要制定相应的伦理和道德规范，确保数字技术的合理和负责任使用。

现实例子 国家互联网信息办公室于 2025 年 1 月 1 日正式发布了《个人信息保护法》，这是中国首部全面规范个人信息处理活动的法律，旨在保护个人信息权益，规范个人信息处理活动，促进合理利用个人信息。该法律将个人信息处理活动分为一般处理活动和敏感信息处理活动，并对敏感信息处理活动提出了更为严格的要求，如最小化处理原则、明确同意和安全保护措施等。例如，该法律将生物识别信息归为敏感信息类别，要求在处理此类信息时必须获得个人的明确同意，并采取严格的安全保护措施。

通过以上论述和现实例子，我们可以看到，强化数字领域治理能力是一个复杂而多维度的过程，需要国际社会的共同努力和合作。通过制定国际数字治理规则、建立公平的市场准入机制、加强数据主权保护、推动数字技术的普及和教育、加强网络安全和隐私保护、促进数字技术的创新和可持续发展、加强国际合作与交流、建立有效的监管机制、推动数字技术在公共服务中的应用以及加强数字伦理和道德规范，可以促进算力的公平使用和防止算力滥用，推动数字时代的公平、安全和可持续发展。

— 第四节 —
掌握算力运行的核心技术

掌握算力运行的核心技术是提升国家和企业竞争力的关键。算力是现代科技发展的基础，对于推动经济发展、提升国家安全和增强企业竞争力具有至关重要的作用。下面，我们详细讨论如何通过加大研发投入、培养高技能人才和促进技术合作与交流方式来提升算力运行的核心技术。

一、加大研发投入

增加对算力相关技术的研发投入是推动技术进步和创新的关键。政府和企业应将算力技术作为战略重点，通过资金支持和政策引导，鼓励科研机构和企业进行深入研究。

现实例子 我国政府在"十四五"规划中提出，要加大在人工智能、大数据、云计算等领域的研发投入。这不仅有助于推动我国在这些领域的技术进步，还能促进相关产业的发展，提升国家整体竞争力。

二、培养高技能人才

通过教育和培训，培养掌握算力核心技术的高技能人才是提升算力运行能力的另一关键因素。教育体系需要与时俱进，及时增加与算力相关的课程和专业，以培养更多专业人才。

现实例子 我国教育部启动的"双一流"大学建设项目，旨在建设一批世界一流的大学和学科。这些大学在算力相关领域投入大量资源，培养了大量高技能人才，为国家的算力技术发展提供了人才支持。

三、促进国际间的技术合作与交流

通过国际合作与交流，共享算力技术的最新成果，可以加速技术进步，提升全球算力技术的整体水平。国际会议、合作项目和学术交流是促进技术合作与交流的重要途径。

现实例子 国际超级计算机大会为全球高性能计算领域的专家和学者提供了交流和合作的平台。通过诸如此类的会议，各国可以分享最新的研究成果，共同推动算力技术的发展。

后　记

在当前信息技术飞速发展的时代，算法已成为推动社会进步的核心力量。它不仅代表着技术进步的核心驱动力，更是国家之间在国际竞争中取得优势的关键。算法，作为一系列指令和规则的集合，能够指导计算机完成特定任务，其重要性不言而喻。随着技术的不断进步，算法将继续在各个领域发挥其关键作用，推动社会的进步和变革。

首先，算法是算力霸权的技术逻辑基础。算力是现代科技发展的基石。没有强大的算力，许多复杂的问题无法得到解决，而算法则是算力得以有效利用的保障。算法的优化能够显著提高计算效率，使得在同等硬件条件下，计算机能够更快、更准确地完成任务。因此，掌握先进的算法技术，就意味着在国际竞争中占据了先机。

其次，算法是技术创新的核心驱动力。在人工智能、大数据、云计算等领域，算法的创新和优化是推动技术发展的关键。例如，在人工智能领域，深度学习算法的突破使得计算机能够进行图像识别、语音识别和自然语言处理等复杂任务，极大地拓展了人工智能的应用范围。在大数据领域，高效的算法能够帮助我们从海量数据中提取有价值的信息，为决策提供支持。在云计算领域，算法的优化使得资源分配更加高效，提高了计算资源的利用率。

再次，算法在国际竞争中具有举足轻重的地位。随着全球化的不断深入，各国之间的竞争已经不仅局限于传统的经济和军事领域，更扩展到了科技和信息领域。掌握先进的算法技术，意味着能够在国际竞争中占据优势地位。例如，在国家安全领域，先进的加密算法能够保障国家机密的安全；在经济领域，高效的算法能够提高金融市场的运行效率，增强国家的经济竞争力。

最后，算法还在推动社会进步和变革方面发挥着重要作用。在医疗领域，算法的应用使得疾病的诊断和治疗更加精准，提高了医疗服务的质量和效率。在交通领域，智能算法能够优化交通流量，减少拥堵，提高出行效率。在教育领域，个性化学习算法能够根据学生的学习情况提供定制化的学习方案，提高教育质量。

然而，算法的发展也带来了一些挑战和问题。例如，算法的不透明性和偏见问题，可能导致决策不公平、不公正。此外，算法的滥用和隐私保护问题也引起了公众的广泛关注。因此，在推动算法发展的同时，也需要关注算法伦理和法规建设，确保算法健康发展。

总之，算法构成了算力霸权的技术逻辑，它不仅是技术进步的核心驱动力，也是在国际竞争中取得优势的关键。随着技术的不断发展，算法将继续在各个领域发挥其关键作用，推动社会进步和变革。然而，在享受算法带来的便利和进步的同时，我们也需要关注和解决算法发展过程中出现的问题，确保算法的健康发展，为人类社会的可持续发展做出贡献。

通过加大研发投入、培养高技能人才和促进技术合作与交流，可以有效地提升国家和企业在算力运行的核心技术上的竞争力。这些措施不仅有助于消解算力霸权，还能促进全球数字领域的公平竞争和健康发展。无数现实例子表明，各国政府和企业已经意识到算力技术的重要性，并采取了相应的措施来推动其发展。随着技术的不断进步和国际合作的进一步深化，算力技术将在未来为全球带来更多的变革和机遇。